はじめに

　自分の苦手なところを知って、その部分を練習してできるようにするというのは学習の基本です。

　それは学習だけでなく、運動でも同じです。

　自分の苦手なところがわからないと、算数全部が苦手だと思ったり、算数が嫌いだと認識したりしてしまうことがあります。少し練習すればできるようになるのに、ちょっとしたつまずきやかんちがいをそのままにして、算数嫌いになってしまうとすれば、それは残念なことです。

　このドリルは、チェックで自分の苦手なところを知り、ホップ、ステップでその苦手なところを回復し、たしかめで自分の回復度、達成度、伸びを実感できるように構成されています。

　チェックでまちがった問題も、ホップ・ステップで練習をすれば、たしかめが必ずできるようになり、点数アップと自分の伸びが実感できます。

　チェックは、各単元の問題をまんべんなく載せています。問題を解くことで、自分の得意なところ、苦手なところがわかるように構成されています。

　ホップ・ステップでは、学習指導要領の指導内容である知識・技能、思考・判断・表現といった資質・能力を伸ばす問題を載せています。計算や図形などの基本的な性質などの理解と計算などを使いこなす力、文章題など筋道を立てて考える力、理由などを説明する力がつきます。

　チェックの各問題のあとに ホップ 1 へ! ステップ 1 へ! などと示し、まちがった問題や苦手な問題を補強するための類似問題が、ホップ・ステップのどこにあるのかがわかるようになっています。

　さらに、ジャンプは発展的な問題で、算数的な考え方をつける問題を載せています。少しむずかしい問題もありますが、チェック、ホップ、ステップ、たしかめがスラスラできたら、挑戦してください。

　また、各学年の学習内容を14単元にまとめていますので、テスト前の復習や短時間での1年間のおさらいにも適しています。

　このドリルで、算数の苦手な子は自分の弱点を克服し、得意な子はさらに自信を深めて、わかる喜び、できる楽しさを感じ、算数を好きになってほしいと願っています。

学力の基礎をきたえどの子も伸ばす研究会

★このドリルの使い方★

チェック

まずは自分の実力をチェック！

答え合わせをしてまちがえたら、問題の ホップ **1** へ！ 、 ステップ **2** へ！
といった矢印を確認しましょう。

※おうちの方へ

　……低学年の保護者の方は、ぜひいっしょに答え合わせと採点をしてあげてください。

　そして、できたこと、できなくてもチャレンジしたことを認めてほめてあげてください。できることも大切ですが、学習への意欲を育てることも大切です。

ホップ　と　ステップ

チェック で確認したやじるしの問題に取り組みましょう。

まちがえた問題も、これでわかるようになります。

たしかめ

改めて実力をチェック！

ホップ、ステップ に取り組んだあなたなら、きっと **チェック** のときよりも点数が伸びているはずです。

ジャンプ

もっとできるあなたにチャレンジ問題。

ぜひ挑戦してみてください。

★ ぎゃくてん！算数ドリル　小学3年生　もくじ★

時こくと時間

1 ── 線は、時こくですか、時間ですか。　　　　　　　　　（5点×4）

① 家を <u>8時10分</u>に出た。

（　　　　　）

② <u>20分間</u>、本を読んだ。

（　　　　　）

③ <u>2時間</u>も歩いて、つかれた。

（　　　　　）

④ <u>9時36分</u>に、バスが出る。

（　　　　　）

ホップ **1** へ!

2 午後1時40分から、30分後の時こくと、50分前の時こくを
もとめましょう。　　　　　　　　　　　　　　　　　　（15点×2）

30分後 _____

50分前 _____

ステップ **5** **6** へ!

3 ゆうとさんは、午前 8 時 40 分から午前 9 時 20 分まで、さんぽをしました。

さんぽをした時間は何分間ですか。　　　　　　　　(20点)

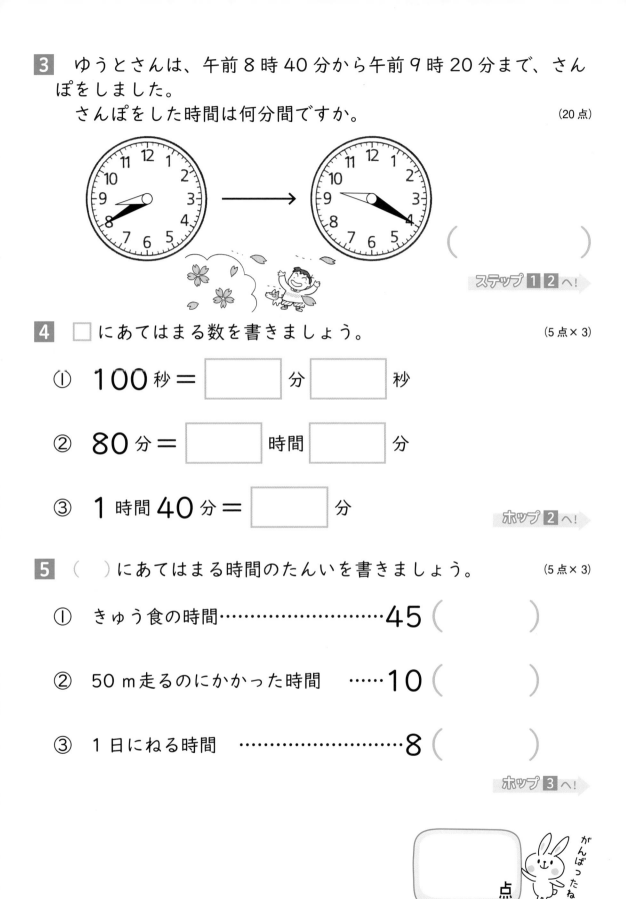

（　　　　　　　）

ステップ **1** **2** へ!

4 □にあてはまる数を書きましょう。　　　　(5点×3)

①　100秒＝ [　　　] 分 [　　　] 秒

②　80分＝ [　　　] 時間 [　　　] 分

③　1 時間 40 分＝ [　　　] 分

ホップ **2** へ!

5 （　）にあてはまる時間のたんいを書きましょう。　　(5点×3)

①　きゅう食の時間……………………45（　　　　　）

②　50 m 走るのにかかった時間　……10（　　　　　）

③　1 日にねる時間　………………………8（　　　　　）

ホップ **3** へ!

点

がんばったね!

時こくと時間

月　　　　日

名前 _____

1 （　）にあてはまる言葉を⬚からえらんで書きましょう。

「8時10分に家を出て、15分間歩いて8時25分に学校に着いた」というとき、8時10分や8時25分のように、時計の読みを（①　　　　　　）といい、その間の15分間を（②　　　　　　）といいます。

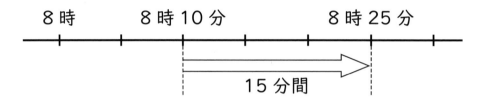

時間のたんいには、

（③　　　　　　）、（④　　　　　　）、（⑤　　　　　　）

があります。

1時間＝（⑥　　　）分、1分＝（⑦　　　）秒です。

時こく　　　時間　　　分　　　秒　　　60
（何回も使う言葉もあります。）

2 □にあてはまる数を書きましょう。

① 2分＝ ＿＿＿ 秒

② 3分20秒＝ ＿＿＿ 秒

③ 140秒＝ ＿＿＿ 分 ＿＿＿ 秒

④ 250秒＝ ＿＿＿ 分 ＿＿＿ 秒

⑤ 2時間10分＝ ＿＿＿ 分

⑥ 3時間＝ ＿＿＿ 分

⑦ 90分＝ ＿＿＿ 時間 ＿＿＿ 分

⑧ 140分＝ ＿＿＿ 時間 ＿＿＿ 分

3 （ ）にあてはまる時間のたんいを書きましょう。

① 水中で20（ ＿＿＿ ）、息をとめた。

② このえいがを見るのに2（ ＿＿＿ ）かかります。

③ 宿題をするのに30（ ＿＿＿ ）ぐらいかかった。

\できた度/
☆☆☆☆☆

1　みのりさんは、午前9時20分に図書館に着いて、午前10時に図書館を出ました。
　　図書館にいた時間は、何分間ですか。

答え _____

2　みのりさんの姉は、午前9時20分に図書館に着いて、午前10時15分に図書館を出ました。
　　図書館にいた時間は、何分間ですか。

答え _____

3　ひろとさんは、800mを200秒で走りました。
　　みのりさんは、800mを3分40秒で走りました。
　　どちらが、何秒速いですか。

答え _____

4 ひろとさんの兄は、午後 3 時 25 分に公園に着いて、公園で 50 分間遊んで公園を出ました。

公園を出た時こくは何時何分ですか。

答え _____

5 午後 2 時 20 分の 40 分後の時こくと、55 分後の時こくをいいましょう。

40 分後 _____

55 分後 _____

6 午前 11 時 15 分の 15 分前の時こくと、40 分前の時こくをいいましょう。

15 分前 _____

40 分前 _____

\ できた度 /
☆☆☆☆☆

1 —— 線は、時こくですか、時間ですか。 (5点× 4)

① 休み時間は 15 分間です。

（　　　　　　）

② 午後 9 時 30 分までには、ねるようにしよう。

（　　　　　　）

③ 1 時間目は、8 時 45 分に始まります。

（　　　　　　）

④ 3 時間バスに乗って、やっとつきました。

（　　　　　　）

2 午前 7 時 20 分から、50 分後の時こくと、40 分前の時こくを
もとめましょう。 (15点× 2)

50 分後 _____

40 分前 _____

3 ふみやさんは、午後 8 時 50 分からおふろに入り、午後 9 時 15 分におふろから出ました。

おふろに入っていた時間は何分間ですか。 (20点)

答え _____

4 □ にあてはまる数を書きましょう。 (5点×3)

① 75分 = [　　] 時間 [　　] 分

② 1 時間 30 分 = [　　] 分

③ 85秒 = [　　] 分 [　　] 秒

5 ( ) にあてはまる時間のたんいを書きましょう。 (5点×3)

① 遊園地ですごした時間 ……………………5 (　　)

② 運動会のきょうぎの時間 …………………3 (　　)

③ 100 m 走るのにかかった時間……20 (　　)

チェック [　　] 点

たしかめ [　　] 点

わり算（あまりなし）

1 （　）にあてはまる数と言葉を書きましょう。　　　　（4点×5）

12 本のえんぴつを 4 人に同じ数ずつ分けます。

1 人分の数をもとめるときには、$\left(^{①}\quad\right) \div \left(^{②}\quad\right)$

とかきます。12 $\left(^{③}\quad\right)$ 4 と読みます。

この式では、12 を $\left(^{④}\quad\right)$ 数、4 を $\left(^{⑤}\quad\right)$ 数

といいます。

ホップ **1** へ！

2 次の計算をしましょう。　　　　（4点×10）

①　$12 \div 6 =$　　　　②　$24 \div 8 =$

③　$25 \div 5 =$　　　　④　$18 \div 3 =$

⑤　$7 \div 1 =$　　　　⑥　$54 \div 9 =$

⑦　$0 \div 4 =$　　　　⑧　$14 \div 2 =$

⑨　$42 \div 7 =$　　　　⑩　$48 \div 8 =$

ホップ **3** へ！

3 カードが 36 まいあります。あとの問いに答えましょう。

(10点×2)

① 4人に同じ数ずつ配ります。1人分は何まいになりますか。

式

答え _____

② 6まいずつ配ります。何人に配ることができますか。

式

答え _____

ステップ **1** へ!

4 クッキーを 40 こやきました。
8こずつふくろに入れて配ります。
何ふくろできますか。

(10点)

式

答え _____

ステップ **3** へ!

5 白いテープが 56cmで、青いテープは 8cmです。
白いテープは、青いテープの何倍ですか。

(10点)

式

答え _____

ステップ **4** へ!

点

がんばったね!

わり算（あまりなし）

名前　　　　　　　　　月　　　日

1 （　）にあてはまる数と言葉を書きましょう。

キャラメルが 20 こあります。5 人で同じ数ずつ分けます。

1 人分の数をもとめる式は （①　　　　　）÷（②　　　　　）です。

20 は （③　　　　　）数で、5 は （④　　　　　）数といいます。

2 次の計算をしましょう。

何のだんの九九を使うか（　）に書きましょう。

① 16 ÷ 4 ＝　　　　　　　　　（　　　　　）のだん

② 21 ÷ 7 ＝　　　　　　　　　（　　　　　）のだん

③ 32 ÷ 8 ＝　　　　　　　　　（　　　　　）のだん

④ 40 ÷ 5 ＝　　　　　　　　　（　　　　　）のだん

⑤ 56 ÷ 7 ＝　　　　　　　　　（　　　　　）のだん

⑥ 63 ÷ 9 ＝　　　　　　　　　（　　　　　）のだん

⑦ 10 ÷ 2 ＝　　　　　　　　　（　　　　　）のだん

⑧ 9 ÷ 3 ＝　　　　　　　　　（　　　　　）のだん

3 次の計算をしましょう。たしかめの計算もしましょう。

① 18 ÷ 3 = （　　　　　　　）

② 30 ÷ 5 = （　　　　　　　）

③ 0 ÷ 8 = （　　　　　　　）

④ 28 ÷ 4 = （　　　　　　　）

⑤ 10 ÷ 2 = （　　　　　　　）

⑥ 6 ÷ 6 = （　　　　　　　）

⑦ 63 ÷ 9 = （　　　　　　　）

⑧ 49 ÷ 7 = （　　　　　　　）

⑨ 48 ÷ 6 = （　　　　　　　）

⑩ 72 ÷ 8 = （　　　　　　　）

＼できた度／
☆☆☆☆☆

わり算（あまりなし）

名前　　　　　　　　　　　月　　　日

1　18dL のジュースがあります。あとの問いに答えましょう。

①　2dL ずつびんに入れます。びんは何本いりますか。

式

答え _____

②　6人で同じように分けます。1人分は何 dL になりますか。

式

答え _____

2　54 このどんぐりがあります。9人で同じ数ずつ分けます。
1人分は何こになりますか。

式

答え _____

3 　32 ひきのメダカがいます。
　　メダカを 8 ひきずつ、水そうに入れます。
　　水そうは何こいりますか。

式

　　　　　　　　　　　　　　　　答え _____

4 　あゆみさんは、28 m泳げます。
　　あゆみさんの妹は、7 m泳げます。
　　あゆみさんは、妹の何倍泳ぐことができますか。

式

　　　　　　　　　　　　　　　　答え _____

5 　8 ÷ 2 の式になるものに〇をつけましょう。

①　8 本のえんぴつを 2 人で分けるときの

　　1 人分の本数 ……………………………………（　　　　）

②　8 本のえんぴつから、2 本使ったときののこりの

　　えんぴつの本数 …………………………………（　　　　）

③　8 本のえんぴつを 2 本ずつ配るときの

　　配れる人数 ………………………………………（　　　　）

できた度
☆☆☆☆☆

わり算（あまりなし）

名前

月　　　日

1 （　）にあてはまる数と言葉を書きましょう。 (4点×5)

42 まいのおり紙を 7 人で同じ数ずつ分けます。

1 人分の数をもとめるときには、（ ① 　　　）÷（ ② 　　　）

とかきます。42 （ ③ 　　　）7 と読みます。

この式では、42 を（ ④ 　　　）数、7 を（ ⑤ 　　　）数

といいます。

2 次の計算をしましょう。 (4点×10)

① $40 \div 5 =$　　　　② $0 \div 9 =$

③ $36 \div 6 =$　　　　④ $4 \div 4 =$

⑤ $56 \div 8 =$　　　　⑥ $6 \div 1 =$

⑦ $18 \div 2 =$　　　　⑧ $21 \div 3 =$

⑨ $28 \div 7 =$　　　　⑩ $48 \div 8 =$

3 48 まいのシールがあります。あとの問いに答えましょう。

（10点×2）

① 8人に同じ数ずつ分けます。1人分は、何まいに
なりますか。

式

答え _____

② シールを6まいずつ配ります。何人の人に配ることが
できますか。

式

答え _____

4 たまごが24こあります。1日にたまごを4こずつ使います。
たまごは何日でなくなりますか。

（10点）

式

答え _____

5 しほさんは計算問題を18問、いずみさんは6問しました。
しほさんは、いずみさんの何倍、計算問題をしましたか。 （10点）

式

答え _____

チェック
点

たしかめ
点

たし算とひき算

名前 _____ 月 ___ 日 ___

1 次の計算を筆算でしましょう。　　　　　（4点×15）

① 　158
　＋326
　_____

② 　363
　＋475
　_____

③ 　567
　＋347
　_____

④ 　606
　＋718
　_____

⑤ 　761
　＋345
　_____

⑥ 　478
　＋569
　_____

⑦ 　568
　－135
　_____

⑧ 　643
　－426
　_____

⑨ 　738
　－254
　_____

⑩ 　953
　－678
　_____

⑪ 　405
　－318
　_____

⑫ 　800
　－547
　_____

⑬ 629 ＋ 78

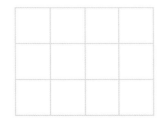

⑭ 218 － 93

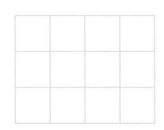

⑮ 700 － 68

ホップ **3** へ！

2 運動会の赤組は 374 人、白組は 357 人です。　(5点×4)

① 赤組と白組をあわせた数は何人ですか。

式

答え _____

② 赤組と白組、どちらが何人多いですか。

式

答え _____

ステップ **1** へ!

3 135 円のおにぎりと 96 円のお茶を買いました。
あわせていくらですか。　(5点×2)

式

答え _____

ステップ **2** **4** へ!

4 とおるさんは 1000 円持って、スーパーで 886 円の買い物をしました。のこっているお金は何円ですか。　(5点×2)

式

答え _____

ステップ **2** **3** へ!

点

たし算とひき算

名前　　月　　日

1 筆算のやり方のせつめいです。

（　）にあてはまる言葉や数を書きましょう。

$$\begin{array}{r} 3\,6\,4 \\ -\,2\,8\,1 \\ \hline \end{array}$$

・（①　　　　　）をそろえて書く。

・一のくらいの計算

（②　　）－（③　　）＝（④　　　）

・十のくらいの計算

6－8はできないので

（⑤　　　　）のくらいから1くり下げて

160－80＝（⑥　　　）

・答えは、（⑦　　　　　　）

2 正しい筆算に〇をつけましょう。

①
$$\begin{array}{r} 4\,7\,3 \\ +\,5\,0\,8 \\ \hline 9\,7\,1 \end{array}$$

（　　　）

②
$$\begin{array}{r} 7\,0\,6 \\ -\,2\,7\,7 \\ \hline 4\,2\,9 \end{array}$$

（　　　）

③
$$\begin{array}{r} 6\,2\,5 \\ -\,3\,1\,4 \\ \hline 3\,0\,1 \end{array}$$

（　　　）

3 次の計算を筆算でしましょう。

①
```
  2 4 3
+ 5 2 6
```

②
```
  4 1 7
+ 2 4 6
```

③
```
  3 8 5
+ 1 4 7
```

④
```
  6 2 3
+ 6 8 0
```

⑤
```
  7 4 9
+ 1 5 5
```

⑥
```
  2 6 7
+ 8 5 4
```

⑦
```
  8 6 8
- 5 3 4
```

⑧
```
  5 2 7
- 5 1 8
```

⑨
```
  4 0 0
- 1 7 5
```

⑩
```
  9 4 1
- 7 6 8
```

⑪
```
  6 0 2
- 4 4 8
```

⑫
```
  7 2 4
- 2 8 7
```

⑬ 609 + 53

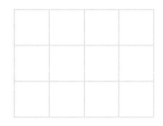

⑭ 29 + 291

⑮ 425 - 75

\できた度/
☆☆☆☆☆

たし算とひき算

名前　　　　　月　　　日

1 青い色紙が 403 まい、赤い色紙が 386 まいあります。

① 青い色紙は、赤い色紙より何まい多いですか。

式

答え _____

② 青い色紙、赤い色紙をあわせると何まいになりますか。

式

答え _____

2 685 円のサンドイッチと 218 円のジュースを買いました。

① あわせて何円になりますか。

式

答え _____

② 1000 円出すと、おつりは何円になりますか。

式

答え _____

3 ゆうひさんは、350ページの本を読んでいます。
138ページまで読みました。のこりはあと何ページですか。

式

答え _____

4 ある日の遊園地では、大人が491人、子どもが608人入場しました。入場した人は全部で何人ですか。

式

答え _____

5 しおりさんは、おこづかいを648円持っています。
そのおこづかいから50円、ぼ金をしました。
おこづかいは何円になったでしょう。

式

答え _____

＼できた度／
☆☆☆☆☆

たし算とひき算

月　　　日
名前

1 次の計算を筆算でしましょう。

(4点×15)

① 　147
　+839
――――

② 　281
　+584
――――

③ 　356
　+487
――――

④ 　528
　+647
――――

⑤ 　763
　+252
――――

⑥ 　448
　+763
――――

⑦ 　665
　−542
――――

⑧ 　452
　−117
――――

⑨ 　736
　−382
――――

⑩ 　804
　−235
――――

⑪ 　576
　−488
――――

⑫ 　300
　−162
――――

⑬ 234 ＋ 76

⑭ 500 − 37

⑮ 643 − 85

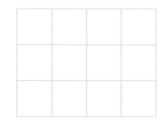

2 運動会の赤組は 418 人、白組は 426 人です。　　　　　(5点×4)

① 赤組と白組をあわせた数は何人ですか。

式

答え _____

② 赤組と白組、どちらが何人多いですか。

式

答え _____

3 543 円のおべんとうと 89 円のお茶を買いました。
あわせていくらですか。　　　　　(5点×2)

式

答え _____

4 たつとさんは、458 円の筆箱を買うのに 1000 円出しました。
おつりは何円ですか。　　　　　(5点×2)

式

答え _____

わり算（あまりあり）

名前　　　　　　月　　　　日

1 次の計算をしましょう。　　　　　　　　　　　　(4点×12)

① $15 \div 6 =$　　　　　② $6 \div 5 =$

③ $22 \div 7 =$　　　　　④ $59 \div 8 =$

⑤ $49 \div 9 =$　　　　　⑥ $39 \div 4 =$

⑦ $20 \div 8 =$　　　　　⑧ $11 \div 3 =$

⑨ $4 \div 6 =$　　　　　⑩ $52 \div 7 =$

⑪ $62 \div 8 =$　　　　　⑫ $12 \div 8 =$

ホップ 3 へ!

2 次の計算をしましょう。答えのたしかめもしましょう。　(6点×2)

① $20 \div 9 =$　　　　　② $61 \div 7 =$

　たしかめ　　　　　　　　　たしかめ

ホップ 4 へ!

3 あめが 53 こあります。7 人で同じ数ずつ分けます。
1 人分は何こで何こあまりますか。 (5点×2)

式

答え

ステップ **1** へ!

4 4 人ずつすわれる長いすがあります。
30 人の子どもが全員すわるには、長いすは何きゃく
いりますか。 (5点×2)

式

答え

ステップ **2** へ!

5 50㎝のテープがあります。8㎝ずつ切りとると、8㎝のテープは
何本とれて何㎝あまりますか。 (5点×2)

式

答え

ステップ **3** へ!

6 43 本のバラがあります。5 本ずつ花びんに入れます。全部のバ
ラを花びんに入れるためには、花びんは何こいりますか。 (5点×2)

式

答え

ステップ **4** へ!

点

わり算（あまりあり）

1 $18 \div 4$ の計算の答えとあまりを考えましょう。

（①　　　　）のだんの九九を考えて、18 をこえないのは、

$4 \times$（②　　　　）$= 16$ です。

あまりは $18 - 16 =$（③　　　　）です。

$18 \div 4 =$（④　　　　）あまり（⑤　　　　）

たしかめは、

$4 \times$（⑥　　　　）$+$（⑦　　　　）$= 18$

2 次のわり算でわりきれるものに〇、あまりがあるものに△をつけましょう。

① $14 \div 7$ 　（　　　）　　② $35 \div 5$ 　（　　　）

③ $20 \div 6$ 　（　　　）　　④ $41 \div 8$ 　（　　　）

⑤ $3 \div 2$ 　（　　　）　　⑥ $56 \div 7$ 　（　　　）

⑦ $24 \div 4$ 　（　　　）　　⑧ $28 \div 6$ 　（　　　）

3 次の計算をしましょう。

① 38 ÷ 9 =

② 8 ÷ 6 =

③ 45 ÷ 6 =

④ 19 ÷ 2 =

⑤ 68 ÷ 8 =

⑥ 3 ÷ 9 =

⑦ 12 ÷ 7 =

⑧ 55 ÷ 7 =

⑨ 71 ： 8 =

⑩ 40 ÷ 6 =

⑪ 10 ÷ 4 =

⑫ 34 ÷ 7 =

4 次の計算をして、たしかめもしましょう。

① 49 ÷ 6 =

② 33 ÷ 5 =

(   )   (   )

③ 60 ÷ 8 =

④ 53 ÷ 7 =

(   )   (   )

\ できた度 /
☆ ☆ ☆ ☆ ☆

わり算（あまりあり）

名前　　　　月　　　日

1 23 このりんごを 5 こずつかごに入れます。

① 5 このりんごが入ったかごは何こできて何こあまりますか。

式

答え

② あまったりんごもかごに入れると全部のりんごがかごに入ります。かごの数は何こになりますか。

式

答え

2 ケーキが 28 こあります。6 こずつ箱に入れます。

① 6 こ入りの箱は何箱できて、何こあまりますか。

式

答え

② ケーキを全部箱に入れるには、箱はいくついりますか。

式

答え

3 47 本のえんぴつを 6 人で同じ数ずつ分けます。
　　1 人分は何本で、何本あまりますか。

　式

　　　　　　　　　　　答え _____

4 だんボール箱に入った荷物が 30 こあります。
　　1 回に 4 こずつ運びます。全部運ぶのに何回かかりますか。

　式

　　　　　　　　　　　答え _____

5 33 このみかんを 7 こずつかごに入れます。
　　7 こ入りのかごは何こできますか。

　式

　　　　　　　　　　　答え _____

6 44 このいちごを 8 こずつお皿に入れます。
　　全部のいちごをお皿に入れるのに、お皿は何まいいりますか。

　式

　　　　　　　　　　　答え _____

\ できた度 /
☆ ☆ ☆ ☆ ☆

わり算（あまりあり）

名前

月　　　日

1 次の計算をしましょう。　　　　　　　　　　　　　　（4点×12）

① $39 \div 6 =$　　　　　　② $13 \div 2 =$

③ $76 \div 9 =$　　　　　　④ $26 \div 3 =$

⑤ $39 \div 7 =$　　　　　　⑥ $8 \div 5 =$

⑦ $1 \div 4 =$　　　　　　⑧ $54 \div 7 =$

⑨ $10 \div 8 =$　　　　　　⑩ $21 \div 6 =$

⑪ $41 \div 9 =$　　　　　　⑫ $60 \div 8 =$

2 次の計算をしましょう。答えのたしかめもしましょう。　（6点×2）

① $50 \div 8 =$　　　　　　② $33 \div 7 =$

　　たしかめ　　　　　　　　　たしかめ

3 画用紙が60まいあります。8つのはんで同じ数ずつ分けます。
1つのはんは何まいもらえて何まいあまりますか。 (5点×2)

式

答え _____

4 17人の子どもがボート乗り場にならんでいます。
ボートには3人ずつ乗ります。
全員の子どもがボートに乗るにはボートは何そういりますか。 (5点×2)

式

答え _____

5 62㎝のリボンがあります。
7㎝ずつ切りとると、リボンは何本とれて何㎝あまりますか。 (5点×2)

式

答え _____

6 35このボールを8こずつ箱に入れてかたづけます。
全部のボールを入れるには箱は何こいりますか。 (5点×2)

式

答え _____

チェック　点　→　たしかめ　点

10000 より大きい数

月　　日

名前

---

1 次の数を（　）に数字で書きましょう。　　　　　　(5点×2)

① 三万二千五百十七　　　　　　　（　　　　　　　　　　）

② 六百四万二百五十三　　　　　　（　　　　　　　　　　）

ホップ **1** ステップ **1** へ！

2 次の数を漢数字で書きましょう。　　　　　　(5点×2)

① 243759　　　　　　　（　　　　　　　　　　）

② 560021　　　　　　　（　　　　　　　　　　）

ホップ **3** ステップ **2** へ！

3 ☐ にあてはまる数を書きましょう。　　　　　　(5点×3)

① 10000 を 5 こと、1000 を 3 こと、100 を 4 こ

集めた数は ☐☐☐☐☐☐ です。

② 1000 を 63 こ集めた数は ☐☐☐☐☐☐ です。

③ 1 億より 1 小さい数は ☐☐☐☐☐☐ です。

ステップ **3** へ！

4 ☐ にあてはまる等号、不等号を書きましょう。　　　　　　(5点×2)

① 40000 ＋ 60000 ☐ 100000

② 800 万 ☐ 1000 万 － 100 万

ホップ **2** へ！

5 下の数直線で↑のところの数を書きましょう。
また、㋐〜㋒の数を数直線に↑で表しましょう。　　　（5点×7）

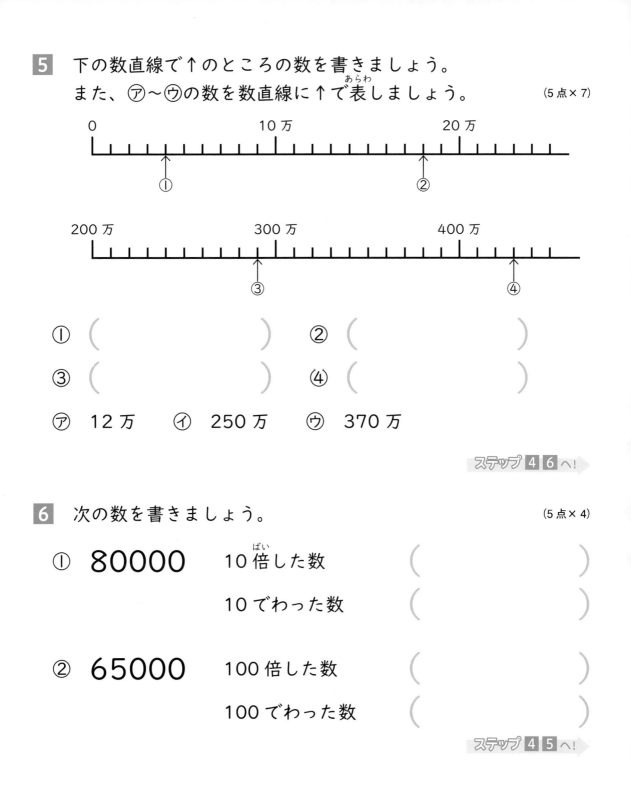

① （　　　　　　　　　） ② （　　　　　　　　　）

③ （　　　　　　　　　） ④ （　　　　　　　　　）

㋐　12万　　㋑　250万　　㋒　370万

ステップ **4** **6** へ！

6 次の数を書きましょう。　　　（5点×4）

① 80000　　10倍した数　　　（　　　　　　　　　）

　　　　　　10でわった数　　　（　　　　　　　　　）

② 65000　　100倍した数　　　（　　　　　　　　　）

　　　　　　100でわった数　　（　　　　　　　　　）

ステップ **4** **5** へ！

点

10000 より大きい数

名前 _____ 月 ___ 日 ___

1 次の数をくらい取り表の中に数字で書きましょう。

千万	百万	十万	一万	千	百	十	一

① 二万四千三百二

② 七千五百万

③ 六十五万二十一

④ 八千万

⑤ 100000 を 3 こと
10000 を 9 こ
集めた数

千万	百万	十万	一万	千	百	十	一

⑥ 10000 を 7 こ
集めた数

⑦ 10000 を 25 こと
100 を 6 こ集めた数

2 □にあてはまる等号、不等号を書きましょう。

① 70 万 ＋ 30 万 □ 100 万

② 500000 □ 600000 － 200000

3 次のくらい取り表の数を漢数字で書きましょう。

千万	百万	十万	一万	千	百	十	一
2	9	0	0	0	0	0	0
		3	6	2	7	4	3
	4	0	5	0	0	0	0
1	2	3	0	0	6	5	0
			2	4	1	1	1

① (　　　　　　　　　) ② (　　　　　　　　　)

③ (　　　　　　　　　) ④ (　　　　　　　　　)

⑤ (　　　　　　　　　)

4 下の数直線で↑のところの数を書きましょう。

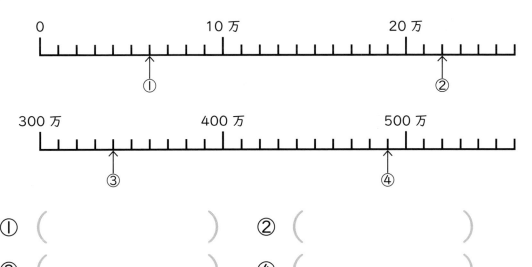

① (　　　　　　　　) ② (　　　　　　　　)

③ (　　　　　　　　) ④ (　　　　　　　　)

\できた度/
☆☆☆☆☆

10000 より大きい数

名前　　　　　　　月　　日

1 次の数を（　）に数字で書きましょう。

① 二十六万三千四百五十六　　　　（　　　　　　　　　）

② 三百五万八千　　　　　　　　　（　　　　　　　　　）

③ 六千百万百二十　　　　　　　　（　　　　　　　　　）

2 次の数を漢数字で書きましょう。

① 1806395　　　　（　　　　　　　　　）

② 290713　　　　　（　　　　　　　　　）

③ 4001002　　　　（　　　　　　　　　）

3 □にあてはまる数を書きましょう。

① 10000 を 53 こ集めた数は 　　　　　　　 です。

② 1000 を 49 こ集めた数は 　　　　　　　 です。

③ 783000 は、100000 を □ こと、

10000 を □ こと、1000 を □ こ集めた数です。

4 次の数を [ ] に書かれた倍にしましょう。

① 345 [10]

（　　　　　　　　）

② 700 [10]

（　　　　　　　　）

③ 90 [100]

（　　　　　　　　）

④ 4831 [100]

（　　　　　　　　）

⑤ 3560 [1000]

（　　　　　　　　）

⑥ 20000 [1000]

（　　　　　　　　）

5 10 でわった数を書きましょう。

① 90 万

（　　　　　　　　）

② 300000

（　　　　　　　　）

6 ㋐、㋑の数を上の数直線に、㋒、㋓の数を下の数直線に↑で表しましょう。

```
0              100万            200万
├┬┬┬┬┬┬┬┬┬┼┬┬┬┬┬┬┬┬┬┼┬┬┬┬┬┬┬┬┬┤
```

```
30万    40万    50万    60万    70万    80万
├┬┬┬┬┼┬┬┬┬┼┬┬┬┬┼┬┬┬┬┼┬┬┬┬┼┤
```

㋐ 110 万　　㋑ 240 万

㋒ 42 万　　㋓ 72 万

＼できた度／
☆☆☆☆☆

Jamais

Jamais

— 41 —

10000 より大きい数

名前　　　　月　　　　日

1 次の数を（　　）に数字で書きましょう。　　　　（5点×2）

① 五万四千七百十八　　　　　　　　（　　　　　　　　　）

② 九十六万百十一　　　　　　　　　（　　　　　　　　　）

2 次の数を漢数字で書きましょう。　　　　（5点×2）

① 180432　　　　　　　　　　（　　　　　　　　　）

② 200970　　　　　　　　　　（　　　　　　　　　）

3 □にあてはまる数を書きましょう。　　　　（5点×3）

① 10000 を 4 こと、1000 を 8 こと、100 を 3 こ

集めた数は ⬚ です。

② 1000 を 23 こ集めた数は ⬚ です。

③ 百万より 1 小さい数は ⬚ です。

4 □にあてはまる等号、不等号を書きましょう。　　　　（5点×2）

① 80000 − 50000 ⬚ 30000

② 六百万 ⬚ 二百万＋五百万

5 下の数直線で↑のところの数を書きましょう。
また、⑦〜⑦の数を数直線に↑で表しましょう。 (5点×7)

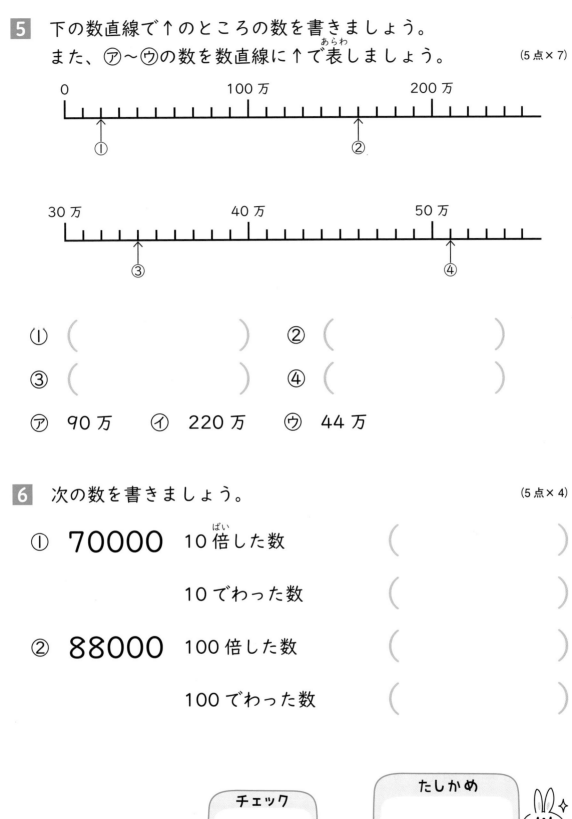

① (　　　　　　　　)　　② (　　　　　　　　)

③ (　　　　　　　　)　　④ (　　　　　　　　)

⑦　90万　　④　220万　　⑦　44万

6 次の数を書きましょう。 (5点×4)

① 70000　10倍した数　　(　　　　　　　　)

　　　　　　10でわった数　(　　　　　　　　)

② 88000　100倍した数　　(　　　　　　　　)

　　　　　　100でわった数　(　　　　　　　　)

チェック　　　点

たしかめ　　　点

チェック　表とグラフ

名前　　　　　　月　　　日

1 次の表とぼうグラフを見て、あとの問いに答えましょう。

● すきな動物調べ ●
（3年1組）

動　　物	人数（人）
パンダ	10
ペンギン	8
キリン	㋐
ゾウ	5
ライオン	㋑
その他	2
合　計	㋒

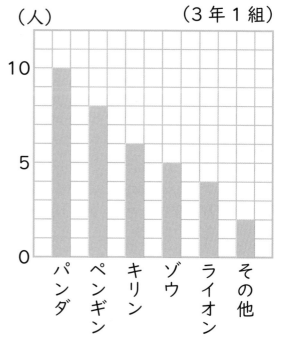

● すきな動物調べ ●
（3年1組）

① 表題は何ですか。　(8点)　（　　　　　　　　）

② たてじくのめもりは何を表していますか。(7点)　（　　　　）

③ 表の㋐～㋒にあてはまる数をかきましょう。　(7点×3)

④ 3年1組で、すきな人がもっとも多い動物は何で、何人ですか。　(7点×2)　（　　　　　　）で（　　　　　　）

ホップ **3** へ！

2 すきなスポーツのしゅるいとその人数について調べました。

(5点×10)

(1) 人数の多いじゅんに、ぼうグラフに表しましょう。

●すきなスポーツ調べ●

しゅるい	人数（人）
サッカー	12
野球	6
なわとび	5
ドッジボール	8
その他	4
合　計	

(2) 表の合計らんに数を書きましょう。

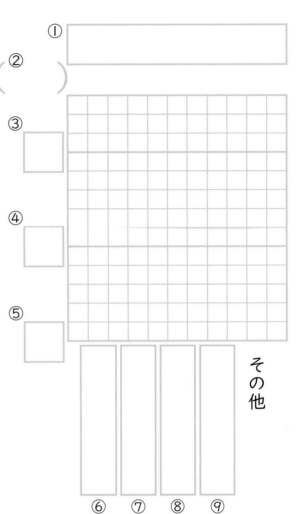

ホップ **1** ステップ **2** へ!

1　3年生のすきなくだものについて調べました。

●すきなくだもの調べ●

くだもの ＼ 組	1組 （人）	2組 （人）	合計 　（人）
みかん	2	3	①
りんご	5	7	②
バナナ	8	9	③
メロン	10	10	④
いちご	7	5	⑤
その他	3	2	⑥
合計	⑦	⑧	⑨

(1)　①～⑨の合計を書きましょう。

(2)　1組の表をぼうグラフに表しましょう。

①　表題を書く。

②　たてじくの1めもりの数を決め、たんいを（　　）にかく。

③　横じくには、人数の多いじゅんにくだものの名前を書く。
　　その他はさいごにする。

・数にあわせてぼうをかく。

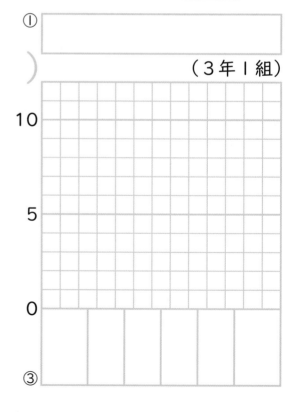

（3年1組）

2 グラフの1めもりはいくつですか。
また、グラフが表している数を読みましょう。

① （分）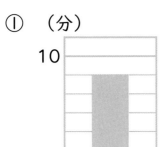

② （人）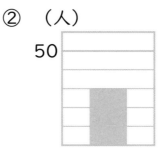

③ （L）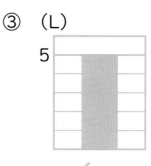

1めもり（　　　　）　　1めもり（　　　　）　　1めもり（　　　　）

グラフ（　　　　）　　　グラフ（　　　　）　　　グラフ（　　　　）

3 右のぼうグラフを見て、あとの問いに答えましょう。

① 表題は何ですか。

（　　　　　　　　　　）

② 1めもりは何人ですか。

（　　　　）

③ いちばん多い遊具は何で、何人ですか。

何　（　　　　　　　）

何人（　　　　　　　）

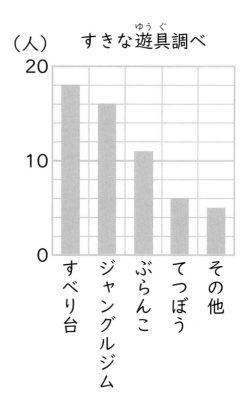

\できた度/
☆☆☆☆☆

表とグラフ

1 4日間で読書したページ数をグラフにします。

読書したページ数

日づけ	ページ数 （ページ）
10月17日	70
10月18日	120
10月19日	100
10月20日	90
合　計	④

① ［　　　　　　　　　　　］

②（　　　）

```
        0          50         100
10月17日
10月18日
10月19日
10月20日
```

① 表題を書きましょう。

② （　　）にたんいを書きましょう。

③ それぞれの日にちのページ数をぼうに表しましょう。（横向き）
日づけなどじゅんの決まっているものは、多いじゅんに表しません。

④ 表の合計を書きましょう。

⑤ いちばん多く読んだ日と、いちばん少ない日のページ数の
ちがいは何ページですか。

（　　　　　　　　）

2 表をぼうグラフに表します。あとの問いに答えましょう。

けが調べ

しゅるい	人数（人）
すりきず	45
やけど	5
ねんざ	15
切りきず	30
その他	5

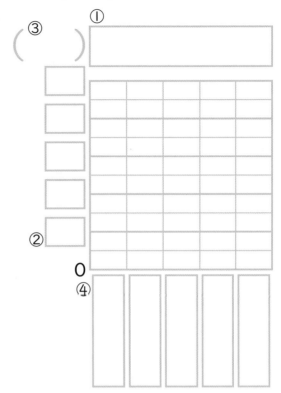

① ぼうグラフの表題を書きましょう。

② たてじくに人数がおさまるように、めもりの数を決めて □ に書きましょう。

③ （ ）にたんいを書きましょう。

④ 横じくに数の多いじゅんにけがのしゅるいを書き、人数にあわせてぼうをかきましょう。その他はさいごにします。

\ できた度 /
☆☆☆☆☆

1 次の表とぼうグラフを見て、あとの問いに答えましょう。

● かし出した本の数 ●

（3年2組）

しゅるい	数（さつ）
絵本	11
物語	9
科学	㋐
れきし	4
でん記	㋑
その他	3
合　計	㋒

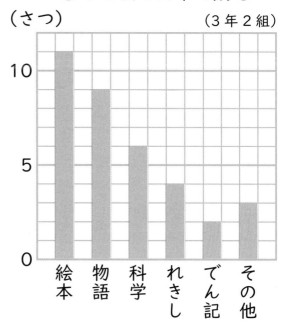

● かし出した本の数 ●

（さつ）　　　　（3年2組）

① 表題は何ですか。　（8点）（　　　　　　）

② たてじくのめもりは何を表していますか。（7点）（　　　　　　）

③ 表の㋐～㋒にあてはまる数をかきましょう。　（7点×3）

④ かし出し数がもっとも多い本のしゅるいは何で、何さつ

ですか。　（7点×2）（　　　　　　）で（　　　　　　）

2 すきなきゅう食のメニューとその人数について調べました。

（5点×10）

(1) 下の表をぼうグラフに表しましょう。

すきなきゅう食メニュー

メニュー	人数（人）
カレー	11
ぶたじる	4
ラーメン	7
やきそば	8
その他	5
合　計	

(2) 表の合計らんに数を書きましょう。

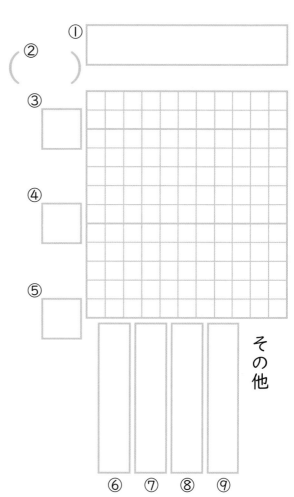

月　　　日

名前

1 図を見て、あとの問いに答えましょう。　　　　　（6点×5）

A

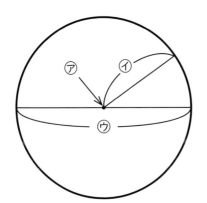

B

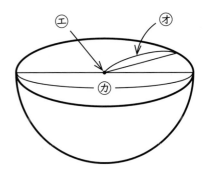

①　⑦〜⑦の名前を書きましょう。

⑦ (　　　　　　　　　　　)

④ (　　　　　　　　　　　)

⑦ (　　　　　　　　　　　)

②　⑦は④の何倍ですか。

(　　　　　　　　　　　)

③　球の切り口を表しているのは、A、Bのどちらですか。

(　　　　　)

ホップ **1** へ!

2 コンパスを使って、中心が同じで大きさのちがう円をかきましょう。

（10点×2）

中心
•

①　半径3cmの円

②　直径4cmの円

ホップ **4** へ!

3 次の図の円の直径と半径をもとめましょう。　　　　　（10点×2）

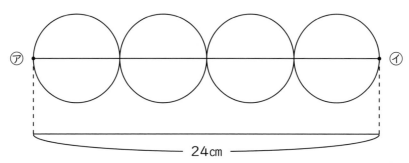

24cm

式

答え　直径　　　　　　半径

ステップ **1** へ!

4 箱の中にボールがぴったり入っています。
箱の内がわの長さは、長い方が18cmです。
ボールの半径は何cmですか。　　　　（10点×2）

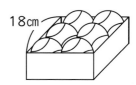

18cm

式

答え

ステップ **3** へ!

5 あから3cmはなれ、いから2cmはな
れている点はア〜ウのどれですか。
コンパスを使って見つけましょう。

（10点）

（　　　　　　　　）

ア
い
イ
ウ
あ

ステップ **2** へ!

点

がんばったね!

円と球

名前 　　　　　　　月　　　日

1 それぞれの名前を何度も書いておぼえましょう。

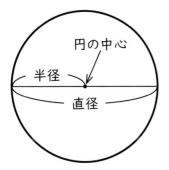

① 円のまん中の点を「円の中心」といいます。

② 円の中心からまわりまでひいた直線を「半径」といいます。

③ 円の中心を通り、まわりからまわりまでひいた直線を「直径」といいます。直径は、半径の2倍の長さです。

2 次の円に半径と直径をかいてじょうぎで長さをはかりましょう。

①

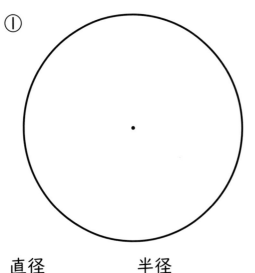

直径 _____　半径 _____

②

直径 _____

直径は半径の（　　　　　　）になっている。　半径 _____

3 コンパスを使って円をかきましょう。

① 半径が3cmの円

② 直径が4cmの円

半径は（ 　　　 ）cm

中心
・

中心
・

4 中心が同じで、直径が8cmの円と直径が10cmの円

半径（ 　　　 ）cm 半径（ 　　　 ）cm

中心
・

\できた度/
☆☆☆☆☆

1 次の図の円の直径と半径をもとめましょう。

①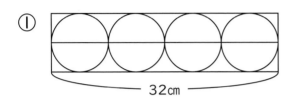

32cm

円が４つならんでいるので
１つの円の直径は？

式

答え　直径　　　　　半径

②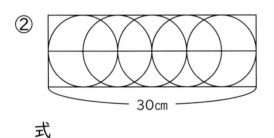

30cm

30cmの直線上に
円が３つならんでいるよ

半径だと６こ分だね。

式

答え　直径　　　　　半径

2 コンパスを使って、㋐から
4cmより近くて、㋑から 3cm
より近いところに色をぬり
ましょう。

・㋑

・㋐

3 箱の中にボールが図のように入っています。
このボールの直径は何cmですか。

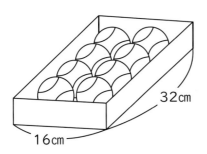

16cm
32cm

ま上から見ると…

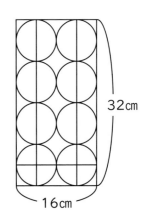

32cm
16cm

式

答え _____

4 半径3cmのボールが下の図のようにぴったり入っています。
この箱のたてと横の長さは何cmですか。

式

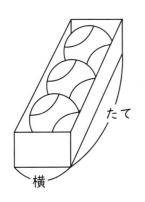

たて
横

答え 横 _____ たて _____

\できた度/
☆☆☆☆☆

1 図を見て、（　）にあてはまる言葉・数・㋐〜㋕の記号を書きましょう。

(5点×8)

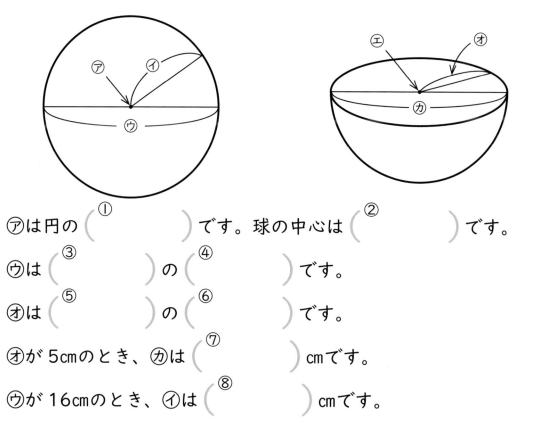

㋐は円の（① 　　　　　　　）です。球の中心は（② 　　　　　　　）です。

㋒は（③ 　　　　　）の（④ 　　　　　）です。

㋔は（⑤ 　　　　　）の（⑥ 　　　　　）です。

㋔が 5cmのとき、㋕は（⑦ 　　　　　）cmです。

㋒が 16cmのとき、㋑は（⑧ 　　　　　）cmです。

2 コンパスを使って中心が同じで、大きさのちがう円をかきましょう。

(5点×2)

①　半径 2cmの円

②　直径 5cmの円

3 次の図の円の直径と半径をもとめましょう。 （10点×2）

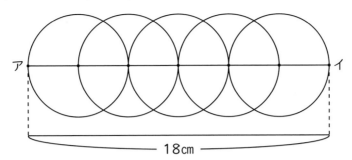

式

答え　直径 _____　半径 _____

4 箱の中に半径4㎝のボールが、ぴったり
図のように入っています。
　この箱のたてと横の長さは何㎝ですか。 （10点×2）

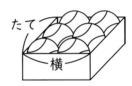

式

答え　横 _____　たて _____

5 点㋐、点㋑どちらからも
4㎝のところにたからもの
があります。たからものは
㋐〜㋔のどれですか。コンパスを
使って見つけましょう。 （10点）

（　　　　　　　　　）

㋐
㋑
㋒
㋓
㋔
㋐

チェック
　　　　点

たしかめ
　　　　点

1 はかり、まきじゃくのさしているめもりを読みましょう。(5点×4)

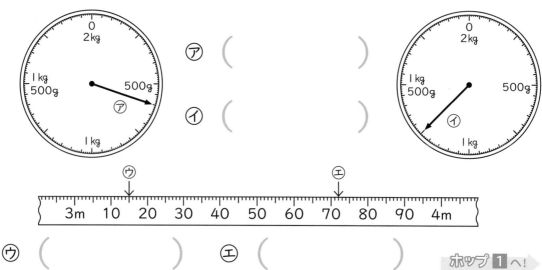

㋐ （　　　　　　　　）

㋑ （　　　　　　　　）

㋒ （　　　　　　　　）　　㋓ （　　　　　　　　）

ホップ 1 へ！

2 （　）にあてはまるたんいを書きましょう。　(5点×4)

① みかん１この重さ　　　150（　　　）

② 家から駅までの道のり　　1（　　　）

③ トラック１台に積める荷物　2（　　　）

④ 弟の体重　　　20（　　　）

ホップ 4 へ！

3 □にあてはまる数を書きましょう。　(5点×4)

① 5600 g ＝ □ kg □ g　　② 2 t ＝ □ kg

③ 2700 m ＝ □ km □ m　　④ 3kg ＝ □ g

ホップ 2 へ！

4 絵地図を見て、あとの問いに答えましょう。 (10点×3)

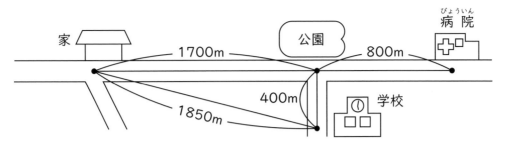

① 家から学校までの道のりは何 m ですか。

式

答え _____

② 家から学校までのきょりは何 km 何 m ですか。

答え _____

③ 家から病院までの道のりは何 km 何 m ですか。

式

答え _____

ステップ **1** へ!

5 重さ 1200g のかばんに 900g の本を入れました。
全体の重さは何 kg 何 g になりますか。 (5点×2)

式

答え _____

ステップ **2** へ!

点

長さと重さ

名前　　　　　　　　月　　　日

1 はかり、まきじゃくのさしているめもりを読みましょう。

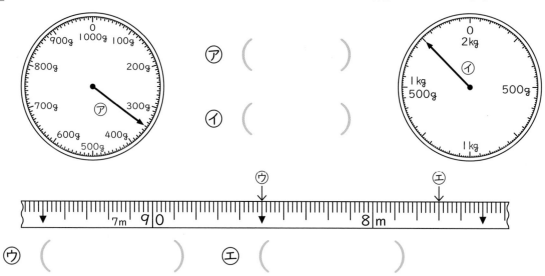

㋐ （　　　　　　　）

㋑ （　　　　　　　）

㋒ （　　　　　　　）　　㋓ （　　　　　　　）

2 □ にあてはまる数を書きましょう。

① 1kg ＝ □ g

② 1000m ＝ □ km

③ 1t ＝ □ kg

④ 1800g ＝ □ kg □ g

⑤ 4km800m ＝ □ m

⑥ 5000kg ＝ □ t

⑦ 6600m ＝ □ km □ m

⑧ 3kg400g ＝ □ g

3 はかりを見て、あとの問いに答えましょう。

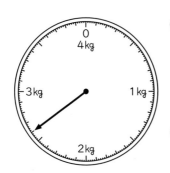

① 何kgまではかることができますか。

（　　　　　　　）

② はりのめもりを読みましょう。

（　　　　　　　）

③ 次の重さを表すめもりに↑をかきましょう。

㋐　400g　　㋑　1kg700g　　㋒　3300g

4 （　）にあてはまるたんいを書きましょう。

① りんご1この重さ………………………………300（　　）

② 算数の教科書の重さ……………………………250（　　）

③ 算数の教科書のあつさ…………………………8（　　）

④ プールのたての長さ……………………………50（　　）

⑤ バス1台の重さ…………………………………14（　　）

⑥ 自転車1台の重さ………………………………12（　　）

＼できた度／
☆☆☆☆☆

長さと重さ

名前　　　　　　　　月　　　日

1 絵地図を見て、あとの問いに答えましょう。

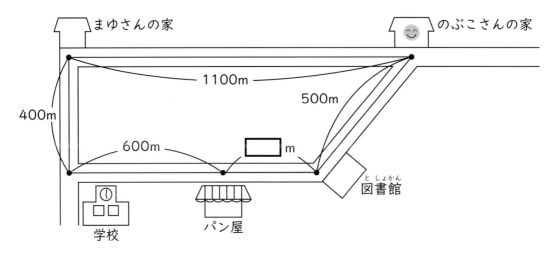

① まゆさんの家からのぶこさんの家までの道のりは何mですか。
また、何km何mですか。

答え _____

答え _____

② まゆさんの家からのぶこさんの家の前を通って図書館に行く
道のりは何km何mですか。
式

答え _____

③ 学校からパン屋の前を通って図書館へ行く道のりは1kmです。
パン屋から図書館の道のりは何mですか。
式

答え _____

2 重さ 750g のなべに、650g のカレーが入っています。
全体の重さは何 kg 何 g ですか。

式

答え _____

3 ひろとさんの体重は 27kg500g です。犬をだいてはかったら
31kg800g になりました。犬の体重は何 kg 何 g ですか。

式

答え _____

4 びん入りジャムの重さをはかったら 350g ありました。
ジャムだけの重さは 180g です。びんの重さは何 g ですか。

式

答え _____

\できた度/
☆☆☆☆☆

1 はかり、まきじゃくのさしているめもりを読みましょう。(5点×4)

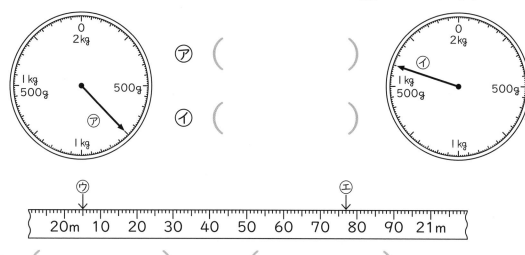

㋐ （　　　　　　　）

㋑ （　　　　　　　）

㋒ （　　　　　　　）　㋓ （　　　　　　　）

2 （　）にあてはまるたんいを書きましょう。(5点×4)

① 運動会のときょう走で走るきょり……………100（　　）

② ぞうの体重……………………………………6（　　）

③ かき１この重さ……………………………180（　　）

④ 生まれた赤ちゃんの体重……………………3（　　）

3 □にあてはまる数を書きましょう。(5点×4)

① 3500kg＝ □ t □ kg　② 5800m＝ □ km □ m

③ 2kg450g＝ □ g　④ 8kg＝ □ g

4 絵地図を見て、あとの問いに答えましょう。　　　　　（10点×3）

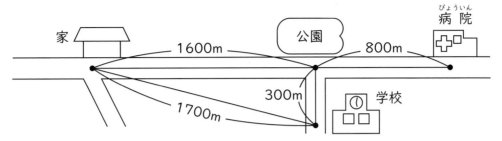

① 家から学校までの道のりは何mですか。

式

答え _____

② 家から学校までのきょりは何km何mですか。

答え _____

③ 家から病院までの道のりは何km何mですか。

式

答え _____

5 重さ400gの箱に1kg300gの荷物を入れました。
全体の重さは何kg何gになりますか。　　　　　（5点×2）

式

答え _____

かけ算（×1けた）

月　　　日
名前 _____

1 次の計算をしましょう。　　　　　　　　　　　　　　（5点×2）

① $40 \times 5 =$　　　　② $600 \times 4 =$

ホップ **2** へ！

2 次の計算をしましょう。　　　　　　　　　　　　　　（5点×9）

①
$$\begin{array}{r} 23 \\ \times\ \ 3 \\ \hline \end{array}$$

②
$$\begin{array}{r} 42 \\ \times\ \ 4 \\ \hline \end{array}$$

③
$$\begin{array}{r} 36 \\ \times\ \ 2 \\ \hline \end{array}$$

④
$$\begin{array}{r} 125 \\ \times\ \ \ \ 3 \\ \hline \end{array}$$

⑤
$$\begin{array}{r} 706 \\ \times\ \ \ \ 8 \\ \hline \end{array}$$

⑥
$$\begin{array}{r} 387 \\ \times\ \ \ \ 9 \\ \hline \end{array}$$

⑦　34×7

⑧　603×9

⑨　247×8

ホップ **3** へ！

3 78×4 の筆算を考えます。□にあてはまる数を書きましょう。（5点）

⑦　一のくらいの計算は　　$4 \times 8 =$

④　十のくらいの計算は　$4 \times 70 =$

⑨　78×4 の答えは　⑦＋④

4 1 しゅう 480m の池のまわりを 3 しゅう走りました。
何 m 走りましたか。　　　　　　　　　　　　　　　（5点×2）

式

答え

ステップ **1** へ！

5 55 人乗りのバス 4 台で遠足に行きます。
全員で何人まで乗れますか。　　　　　　　　　　　　（5点×2）

式

答え

ステップ **2** へ！

6 1 パック 228 円の牛にゅうを 5 パック買いました。
代金はいくらになりますか。　　　　　　　　　　　　（5点×2）

式

答え

ステップ **4** へ！

7 写真をプリントするのに 1 まい 27 円かかります。
6 まいプリントすると何円かかりますか。　　　　　　（5点×2）

式

答え

ステップ **6** へ！

点

がんばったね！

かけ算（×1けた）

名前 _____ 月 ___ 日 ___

1 276 × 3 の筆算です。□にあてはまる数を書きましょう。

$$
\begin{array}{r}
276 \\
\times\ 3 \\
\hline
18
\end{array}
\rightarrow
\begin{array}{r}
276 \\
\times\ 3 \\
\hline
28
\end{array}
\rightarrow
\begin{array}{r}
276 \\
\times\ 3 \\
\hline
828
\end{array}
$$

・一のくらいの計算は ① □ × ② □ = ③ □

　一のくらいに ④ □ を書き、十のくらいに ⑤ □ くり上げる

・十のくらいの計算は ⑥ □ × ⑦ □ = ⑧ □

　くり上げの ⑨ □ をたして ⑩ □

　十のくらいに ⑪ □ を書き、百のくらいに ⑫ □ くり上げる

・百のくらいの計算は ⑬ □ × ⑭ □ = ⑮ □

　くり上げの ⑯ □ をたして ⑰ □

　百のくらいに ⑱ □ を書く

2 次の計算をしましょう。

① 20 × 5 =　　② 30 × 3 =

③ 40 × 8 =　　④ 50 × 7 =

3 次の計算をしましょう。

①
```
    1 2
×     3
```

②
```
    5 4
×     2
```

③
```
    2 6
×     3
```

④
```
    3 2 7
×       2
```

⑤
```
    4 0 8
×       5
```

⑥
```
    7 3 9
×       6
```

⑦ 45 × 6

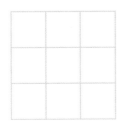

⑧ 82 × 7

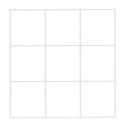

⑨ 19 × 3

⑩ 153 × 4

⑪ 602 × 8

⑫ 518 × 4

\できた度/
☆☆☆☆☆

かけ算（×1けた）

月　　　日
名前

1 1ダースは12本です。あとの問いに答えましょう。

① えんぴつ5ダースは何本ですか。

式

答え _____

② ボール4ダースは何こですか。

式

答え _____

2 ゆきさんは1日に45ページずつ本を読みます。

① 3日間では何ページ読めますか。

式

答え _____

② ゆきさんが読みたい本は300ページあります。
　ゆきさんは1週間でこの本を読むことができますか。
　できる・できないに○をつけましょう。
　1週間で読めるページ数を計算して答えましょう。

式

答え　できる　　　できない

3 24本入りの箱（はこ）に入ったジュースが4箱あります。
ジュースは全部（ぜんぶ）で何本ありますか。

式

答え _____

4 1こ380円のケースを5こ買いました。代金（だいきん）はいくらですか。

式

答え _____

5 外国語のレッスンは1回45分です。
今月は4回レッスンを受（う）けました。
何分間レッスンを受けたことになりますか。

式

答え _____

6 たまご1パックには10こ入っています。
あるお店では1日に4パック使（つか）います。
たまごは1日で何こ使いますか。

式

答え _____

＼できた度／
☆☆☆☆☆

かけ算（1× けた）

名前　　　　月　　　日

1 次の計算をしましょう。　　　　　　　　　　　（5点×2）

① $70 × 6 =$　　　　　② $800 × 5 =$

2 次の計算をしましょう。　　　　　　　　　　　（5点×9）

①
```
    3 4
  ×   2
  ─────
```

②
```
    5 3
  ×   3
  ─────
```

③
```
    2 7
  ×   3
  ─────
```

④
```
  2 1 6
  ×   4
  ─────
```

⑤
```
  5 0 6
  ×   9
  ─────
```

⑥
```
  6 7 5
  ×   7
  ─────
```

⑦ $72 × 8$

⑧ $903 × 4$

⑨ $486 × 5$

3 $47 × 8$ の筆算(ひっさん)を考えます。□ にあてはまる数をかきましょう。（5点）

⑦　一のくらいの計算は　　$8 × 7 =$ 　□

④　十のくらいの計算は　$8 × 40 =$ 　□

⑨　$47 × 8$ の答えは　⑦＋④

4 公園の 1 しゅう 320m のコースを 5 しゅう走りました。
全部で何 m 走りましたか。 (5点×2)

式

答え _____

5 48 人乗りのバス 5 台で遠足に行きます。
全員で何人まで乗ることができますか。 (5点×2)

式

答え _____

6 1 こ 128 円のおにぎりを 8 こ買いました。
代金はいくらになりますか。 (5点×2)

式

答え _____

7 1 本が 37cm のテープを 4 本つなげると何 cm になりますか。 (5点×2)

式

答え _____

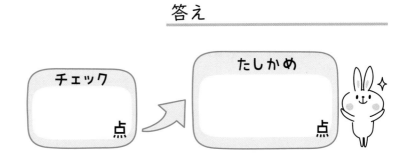

チェック

点

たしかめ

点

月　　　日

名前

1 次のかさを小数で表しましょう。　　　　　　　　　　(4点×2)

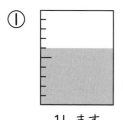

① （　　　　　）

1L ます

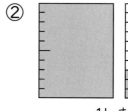

② （　　　　　）

1L ます

2 数直線の↑でしめした①〜③の数を書きましょう。
また、㋐〜㋒の数を↑で書きましょう。　　　　(4点×6)

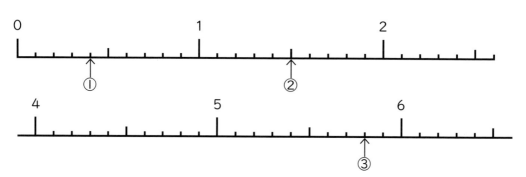

① （　　　　　）　　② （　　　　　）　　③ （　　　　　）

㋐　0.7　　　　　　㋑　4.4　　　　　　㋒　6.1

ホップ **1** へ!

3 ☐ にあてはまる数を書きましょう。　　　　　　　　(4点×2)

① 0.1 を 7 こ集めた数は ☐ です。

② 2.5 は 0.1 を ☐ こ集めた数です。

ホップ **3** へ!

4 次の計算をしましょう。 (5点×8)

① 0.4
+ 0.3

② 3.8
+ 4.2

③ 8.7
− 1.6

④ 6.5
− 0.9

⑤ 5.3 ＋ 3.7 ⑥ 7 ＋ 0.4 ⑦ 2.9 － 1 ⑧ 9 － 5.8

ステップ 1 へ!

5 2.6 Lのジュースと0.8 Lのジュースがあります。
あわせて何Lありますか。 (5点×2)

式

答え

ステップ 2 へ!

6 3 mのテープから、0.7 mの長さを切りとりました。
のこりのテープは、何mになりましたか。 (5点×2)

式

答え

ステップ 2 へ!

点

月　　　　日

名前

1 数直線の↑のしめした①～⑤の数を書きましょう。
また⑦～⑰の数を↑で書きましょう。

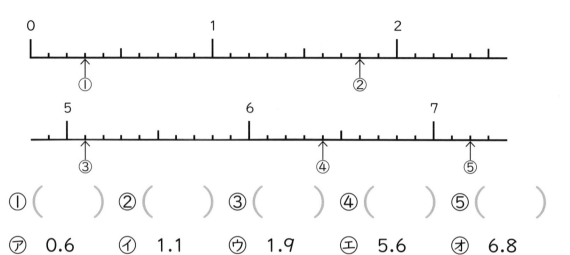

① (　　　　) ② (　　　　) ③ (　　　　) ④ (　　　　) ⑤ (　　　　)

⑦　0.6　　　④　1.1　　　⑰　1.9　　　㋓　5.6　　　㋔　6.8

2　小数のたし算・ひき算の筆算のしかたです。(　　)にあてはまる
言葉を書きましょう。また、計算もしましょう。

$$\begin{array}{r} 4.7 \\ +\ 2.3 \\ \hline \end{array}$$

① (　　　　　　　) をそろえてかく。

② (　　　　　　　) からじゅんに計算をする。

$$\begin{array}{r} 7.5 \\ -\ 5 \\ \hline \end{array}$$

③　答えに (　　　　　) をうつ。

④　答えが整数になったときは、

(　　) と (　　　　　) をしゃ線で消す。

3 ☐ にあてはまる数を書きましょう。

① 0.1 を 6 こ集めた数は ☐ です。

② 0.1 を 10 こ集めた数は ☐ です。

③ 0.8 は 0.1 を ☐ こ集めた数です。

④ 1 と 0.4 をあわせた数は ☐ です。

⑤ 6.7 は ☐ と 0.7 をあわせた数です。

⑥ 4 に 0.1 を 5 こあわせた数は ☐ です。

⑦ 2.6 の小数第一位の数字は ☐ です。

⑧ 2.6 は 2 と ☐ をあわせた数です。

⑨ 2.6 は 0.1 を ☐ こ集めた数です。

⑩ 7.3 は 0.1 を ☐ こ集めた数です。

\ できた度 /
☆☆☆☆☆

月　　　日
名前

1 次の計算を筆算でしましょう。

① 6.2 + 1.5　　② 7.4 + 2.8　　③ 3.7 + 5.3

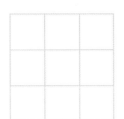　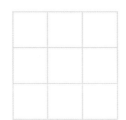　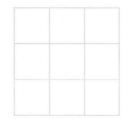

④ 4.5 + 3　　⑤ 8 + 0.6　　⑥ 2.1 + 0.9

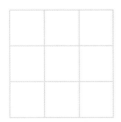　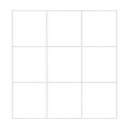　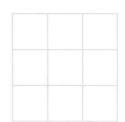

⑦ 8.9 − 2.4　　⑧ 6.3 − 3.6　　⑨ 5.2 − 4.2

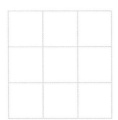　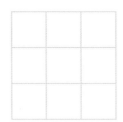　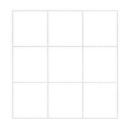

⑩ 7.6 − 5　　⑪ 6 − 0.4　　⑫ 9 − 8.8

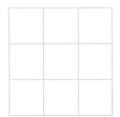　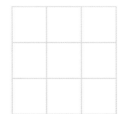　

2 米が 4.3kg、もち米が 1.8kg あります。

① 米ともち米をあわせると何 kg ありますか。

式

答え _____

② 米ともち米のちがいは何 kg ですか。

式

答え _____

3 図を見て、あとの問いに答えましょう。

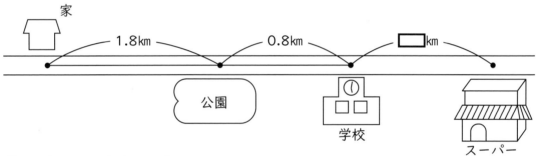

① 家から学校までは何kmありますか。

式

答え _____

② 家からスーパーまで 3kmあります。
　学校からスーパーまでは何kmありますか。

式

答え _____

名前　　　　　月　　　日

1 次のかさを小数で表しましょう。　　　　　　　　　　（4点×2）

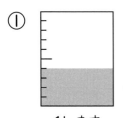

① （　　　　　）

1L ます

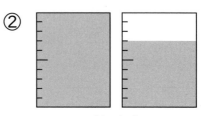

② （　　　　　）

1L ます

2 数直線の↑でしめした①〜③の数を書きましょう。
また⑦〜⑨の数を↑で書きましょう。　　　　　　　（4点×6）

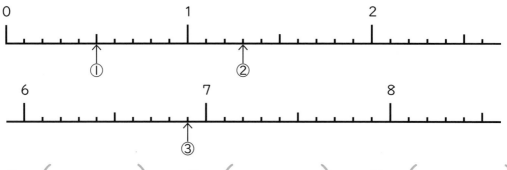

① （　　　　　）　② （　　　　　）　③ （　　　　　）

⑦　0.9　　　　⑦　6.1　　　　⑦　7.8

3 □ にあてはまる数を書きましょう。　　　　　　　　　（4点×2）

① 0.1 を 8 こ集めた数は □ です。

② 3.2 は 0.1 を □ こ集めた数です。

4 次の計算をしましょう。　　　　　　　　　　　　（5点×8）

①
$$
\begin{array}{r}
0.2 \\
+\ 0.5 \\
\hline
\end{array}
$$

②
$$
\begin{array}{r}
1.9 \\
+\ 2.1 \\
\hline
\end{array}
$$

③
$$
\begin{array}{r}
6.8 \\
-\ 4.7 \\
\hline
\end{array}
$$

④
$$
\begin{array}{r}
7.3 \\
-\ 0.6 \\
\hline
\end{array}
$$

⑤ 5.4 + 3.6　⑥ 0.3 + 4　⑦ 7.3 − 2　⑧ 8 − 5.6

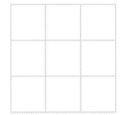
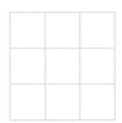

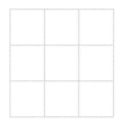

5 きのうは 1.8km 走り、きょうは 2.2km 走りました。
あわせて何km走ったことになりますか。　　　（5点×2）

式

答え _____

6 2 L のジュースがあります。1.3L 飲みました。
ジュースは何Lのこっていますか。　　　（5点×2）

式

答え _____

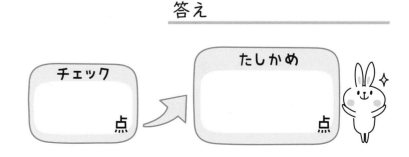

チェック

たしかめ

点　　　　　点

— 83 —

1 三角じょうぎの角について、あとの問いに答えましょう。(5点×3)

① 直角になっている角はどれとどれですか。

（　　　　　　　　）

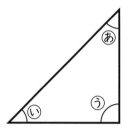
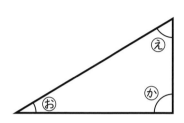

② 大きい方の角を〇でかこみましょう。

（　　あの角　　　うの角　　）（　　えの角　　　おの角　　）

ホップ **1** へ!

2 次の三角形をなかま分けして表に記号を書きましょう。　(5点×7)

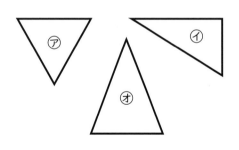
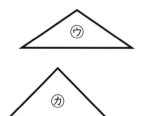
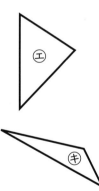

三角形の名前	記号
正三角形	
二等辺三角形	
直角三角形	
その他の三角形	

ホップ **1** へ!

3 次の三角形をかきましょう。　　　　　　　　(10点×2)

① ３つの辺の長さが４cmの
三角形

② 辺の長さが５cm、
４cm、４cmの三角形

_____　　_____

ステップ **1** へ!

4 次の円を使って三角形を４つかきましょう。　　(5点×4)

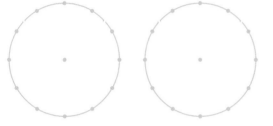

① 二等辺三角形を２つ　　② 正三角形を２つ

ステップ **4** へ!

5 次の三角形は二等辺三角形です。　　　　　　(5点×2)

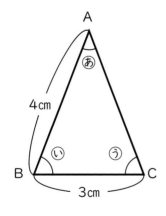

① ⓘの角と大きさが等しい角は

どれですか。　　（　　　　）

② 辺ＡＣの長さは何cmですか。

（　　　　）

ホップ **3** へ!

点

三角形

1 （　）にあてはまる数や言葉を書きましょう。

①　右の図のように1つのちょう点から
出ている2つの辺がつくる2つの辺の
開きぐあいを（　　　）と
いいます。

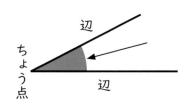

②　三角形には、ちょう点が（　　　）こ、辺が（　　　）本、
角が（　　　）こあります。

③　2つの辺の長さが等しい三角形を（　　　　　）
といいます。下の図では（　　　）（　　　）の三角形です。

④　3つの辺の長さがどれも等しい三角形を（　　　　　）
といいます。下の図では（　　　）（　　　）の三角形です。

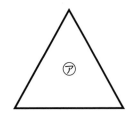
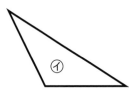
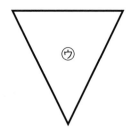

2 三角じょうぎをかさねて、角の大きさを調べましょう。

① ２つの三角じょうぎで
いちばん小さな角はどれ
ですか。　　（　　　）

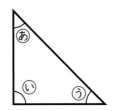
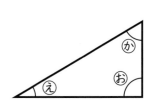

② 同じ大きさの角が２組あります。どれとどれですか。

（　　　）と（　　　）　（　　　）と（　　　）

③ 直角は、どれとどれですか。（　　　）と（　　　）

3 円を使って三角形をつくります。

① アイ、アウは円の何になっ
ていますか。　　（　　　）

② 点ア、イ、ウをつないでで
きる三角形は何という三角形
ですか。

（　　　　　　）

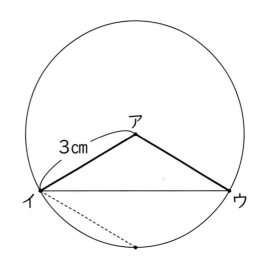

③ 三角形アイウを正三角形にするためには、辺イウを
何cmにしますか。　（　　　　　）

ステップ

三角形

月　日

名前

1　コンパスを使(つか)って、二等辺三角形(にとうへんさんかくけい)をかきましょう。

・辺(へん)の長さが 5cm、4cm、4cm

ア　5cm　イ

① 5cmの直線をひく。

② コンパスを 4cmに開(ひら)き、アから 4cmのところにしるしをつける。

③ コンパスを 4cmのまま、イから 4cmのところにしるしをつける。

④ しるしが交わるところと、ア、イを直線でつなぐ。

2　コンパスを使って、次(つぎ)の三角形をかきましょう。

① 辺の長さが 4cm、4cm、6cmの二等辺三角形

② 1 辺が 5cmの正三角形

3 コンパスを使って、次の三角形をかきましょう。

① 1辺の長さが3cmの
正三角形

② 辺の長さが4cm、4cm、3cm

──────────　　　　　　　──────────

4 円の中に、次の三角形をかきましょう。

① 正三角形

② 二等辺三角形

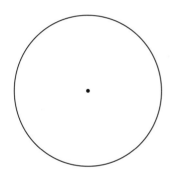　　　　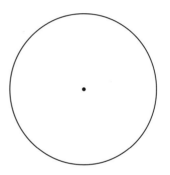

5 紙を下の図のようにおって、点線のところで切ります。広げた形の三角形をかきましょう。

ア

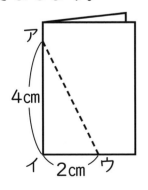

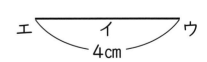

\ できた度 /

☆☆☆☆☆

月　　日
名前

1 三角じょうぎの角について、あとの問いに答えましょう。(5点×3)

① 直角になっている角は
どれとどれですか。

（　　　と　　　）

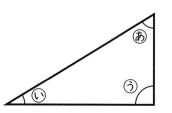
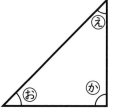

② あ〜うの角を小さい順に書きましょう。

（　　　）→（　　　）→（　　　）

③ え〜かの角で同じ大きさの角はどれとどれですか。

（　　　と　　　）

2 次の三角形をなかま分けして表に記号を書きましょう。　(5点×7)

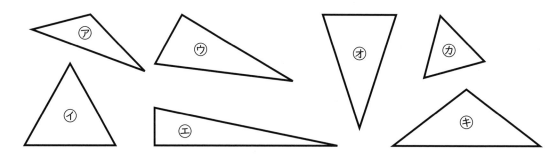

三角形の名前	記号
正三角形	
二等辺三角形	
直角三角形	
その他の三角形	

3 次の三角形を書きましょう。　　　　　　　　　　　　　　(10点×2)

① 辺の長さが5cm、5cm、4cmの三角形

② 3つの辺が5cmの三角形

_____　　　　_____

4 次の円を使って三角形を4つかきましょう。　　　　　(5点×4)

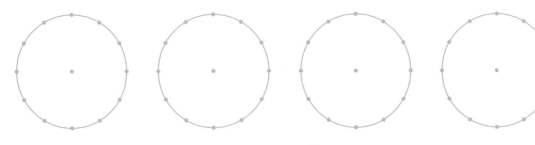

① 正三角形を2つ

② 二等辺三角形を2つ

5 次の三角形は二等辺三角形です。　　　　　　　　　　(5点×2)

① ⓘの角と大きさが等（ひと）しい角はどれですか。　　（　　　　　）

② 辺ACの長さは何cmですか。　　（　　　　　）

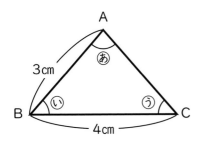

チェック　　　　　　たしかめ

点　　　　　　　　点

— 91 —

月　　　日

名前

1 次の長さやかさを分数で表しましょう。　(5点×5)

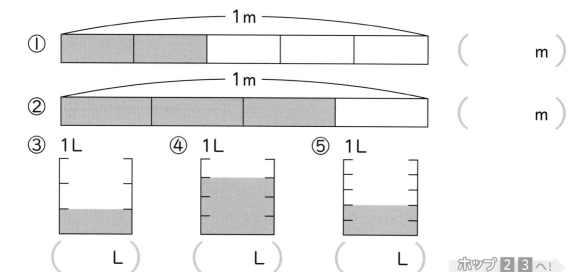

① （　　　　m）

② （　　　　m）

③ 1L （　　　　L）　④ 1L （　　　　L）　⑤ 1L （　　　　L）

ホップ 2 3 へ!

2 □ にあてはまる分数を書きましょう。　(5点×3)

① $\dfrac{1}{6}$ を3つ集めた数は □ です。

② $\dfrac{1}{8}$ を7つ集めた数は □ です。

③ □ を5つ集めた数は $\dfrac{5}{7}$ です。

ホップ 1 へ!

3 下の数直線で①、②が表す分数を書きましょう。　(5点×2)

ホップ 4 へ!

4 次の計算をしましょう。 (5点×6)

① $\dfrac{1}{4} + \dfrac{2}{4} =$　　② $\dfrac{3}{8} + \dfrac{2}{8} =$

③ $\dfrac{4}{7} + \dfrac{3}{7} =$　　④ $\dfrac{5}{6} - \dfrac{1}{6} =$

⑤ $\dfrac{4}{5} - \dfrac{2}{5} =$　　⑥ $1 - \dfrac{3}{10} =$

ステップ **1 2** へ!

5 ジュースが $\dfrac{5}{6}$ L あります。$\dfrac{2}{6}$ L 飲むとのこりは何 L ですか。
(5点×2)

式

答え _____

ステップ **5** へ!

6 青いテープが $\dfrac{3}{10}$ m、赤いテープが $\dfrac{5}{10}$ m あります。

あわせて何mですか。 (5点×2)

式

答え _____

ステップ **3** へ!

点

1 □にあてはまる数や言葉を書きましょう。

①　1mを3等分した2こ分の長さを $\dfrac{□}{□}$ mといいます。

②　$\dfrac{3}{4}$、$\dfrac{2}{5}$ のような数を ☐ といいます。

　　4や5を 分☐ 、3や2を 分☐ といいます。

③　$\dfrac{3}{4}$ の書きじゅんの番号①〜③を入れましょう。　$\dfrac{3}{4}$ …( )…( )…( )

2 色をぬった長さを分数で表しましょう。

①
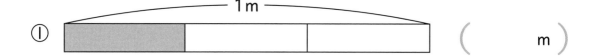
(　　m)

②

(　　m)

③

(　　m)

④
1m
(　　m)

⑤
1m
(　　m)

3 次のますのかさを分数で表しましょう。

① 1L ます
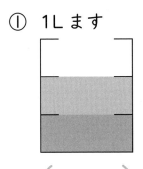
(　　L)

② 1L ます
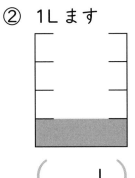
(　　L)

③ 1L ます
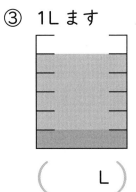
(　　L)

4 □ にあてはまる分数や小数を書きましょう。

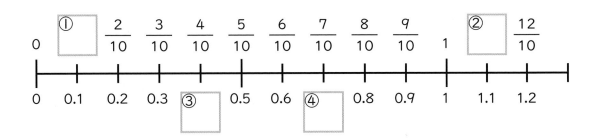

5 次の □ の中にあてはまる数を書きましょう。

① $\dfrac{\square}{3} = 1$

② $\dfrac{\square}{4} = 1$

③ $\dfrac{5}{\square} = 1$

④ $\dfrac{6}{6} = \square$

\できた度/

名前　　　　　　　月　　日

1 次の計算をしましょう。

① $\dfrac{1}{4} + \dfrac{2}{4} =$　　② $\dfrac{2}{7} + \dfrac{3}{7} =$

③ $\dfrac{2}{6} + \dfrac{1}{6} =$　　④ $\dfrac{4}{8} + \dfrac{3}{8} =$

⑤ $\dfrac{1}{3} + \dfrac{1}{3} =$　　⑥ $\dfrac{2}{5} + \dfrac{1}{5} =$

⑦ $\dfrac{6}{9} + \dfrac{3}{9} =$　　⑧ $\dfrac{3}{7} + \dfrac{4}{7} =$

2 次の計算をしましょう。

① $\dfrac{2}{3} - \dfrac{1}{3} =$　　② $\dfrac{5}{6} - \dfrac{2}{6} =$

③ $\dfrac{3}{5} - \dfrac{2}{5} =$　　④ $\dfrac{3}{4} - \dfrac{1}{4} =$

⑤ $\dfrac{6}{8} - \dfrac{2}{8} =$　　⑥ $\dfrac{6}{7} - \dfrac{4}{7} =$

⑦ $1 - \dfrac{5}{6} =$　　⑧ $1 - \dfrac{2}{9} =$

3 赤いリボンが $\frac{2}{5}$ m、白いリボンが $\frac{1}{5}$ mあります。

あわせて何mですか。

式

答え _____

4 青いテープが $\frac{6}{7}$ mあります。$\frac{2}{7}$ m使いました。

のこりは何mですか。

式

答え _____

5 水が大きいポットに $\frac{5}{8}$ L、小さいポットに $\frac{3}{8}$ L入っています。

水はあわせて何Lありますか。

式

答え _____

6 牛にゅうが $\frac{5}{6}$ L、ジュースが1Lあります。

どちらが何L多いですか。

式

答え _____

1 次の長さやかさを分数で表しましょう。　　　（5点×5）

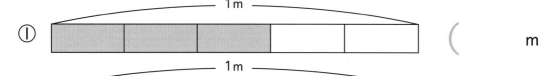

① 1m

（　　　m ）

② 1m

（　　　m ）

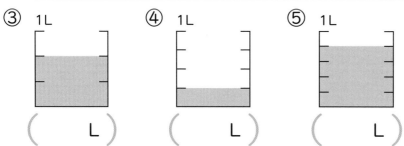

③ 1L　　　④ 1L　　　⑤ 1L

（　　L ）　　（　　L ）　　（　　L ）

2 □にあてはまる分数を書きましょう。　　　（5点×3）

① $\dfrac{1}{7}$ を 4 つ集めた数は □ です。

② $\dfrac{1}{9}$ を 5 つ集めた数は □ です。

③ □ を 7 つ集めた数は $\dfrac{7}{8}$ です。

3 下の数直線で①、②が表す分数を書きましょう。　　　（5点×2）

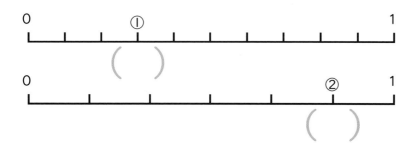

0　　　①　　　　　　　　　　1

（　　）

0　　　　　　　　　②　　1

（　　）

4 次の計算をしましょう。 (5点×6)

① $\dfrac{1}{5} + \dfrac{2}{5} =$ 　　　② $\dfrac{2}{9} + \dfrac{7}{9} =$

③ $\dfrac{4}{7} + \dfrac{2}{7} =$ 　　　④ $\dfrac{3}{6} + \dfrac{3}{6} =$

⑤ $\dfrac{3}{4} - \dfrac{2}{4} =$ 　　　⑥ $\dfrac{9}{10} - \dfrac{5}{10} =$

⑦ $1 - \dfrac{3}{8} =$ 　　　⑧ $1 - \dfrac{6}{10} =$

5 赤いテープが $\dfrac{3}{5}$ m、白いテープが $\dfrac{4}{5}$ mあります。

どちらが何m長いですか。 (5点×2)

式

答え _____

6 ジュースが $\dfrac{5}{8}$ Lあります。$\dfrac{2}{8}$ L飲むとのこりは何Lですか。 (5点×2)

式

答え _____

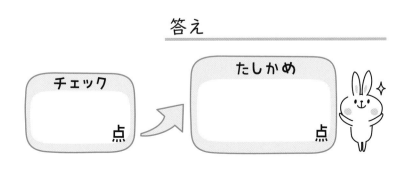

かけ算（×2けた）

名前　　　　　　　月　　　日

1 次の計算で正しいものには〇、まちがっているものは
正しい答えを（　　）に書きましょう。　　　　　　（5点×2）

①
```
    32
×  54
  128
  150
  278
```
（　　　　）

②
```
   245
×   18
  1960
   245
  2205
```
（　　　　）

ホップ **2** へ!

2 次の計算をしましょう。　　　　　　（5点×8）

① 5×40 ＝

② 30×20 ＝

③
```
   21
× 13
```

④
```
   50
× 63
```

⑤
```
   48
× 36
```

⑥
```
   213
×   32
```

⑦
```
   308
×   27
```

⑧
```
   572
×   46
```

ホップ **3** **4** へ!

3 □ にあてはまる数を書きましょう。 （5点×4）

(1) 32×24

$32 \times$ ① $= 640$

$32 \times$ ② $= 128$

$32 \times 24 =$ ③

(2) 27×60 の答えは 27×6 の答えを ④ 倍した数です。

ステップ **1** へ!

4 1 こ 15 円のあめを 25 こ買います。代金はいくらですか。 （5点×2）

式

答え

ステップ **2** へ!

5 1 こ 108 円のパンが 37 こ売れました。全部で何円になりますか。 （5点×2）

式

答え

ステップ **3** へ!

6 3 年生 58 人が遠足に行きました。電車代が 1 人 245 円でした。全員でいくらかかりますか。 （5点×2）

式

答え

ステップ **4** へ!

点

がんばったね!

かけ算（×2 けた）

1 □にあてはまる数を書きましょう。

① 18 × 40 の答えは、18 × 4 の答えを □ 倍
した数です。

② 53 × 27 の答えは、53 × 20 の答えと

53 × □ の答えをたした数です。

③ 213 × □ の答えは、213 × 50 の答えと

213 × 6 の答えをたした数です。

④ 25 × 4 = 100 なので、

25 × 12 = 25 × 4 × □ = □

2 次の計算で正しいものには○、まちがっているものは正しい答えを（　）にかきましょう。

①
```
    6 8
 ×  7 9
-------
  6 1 2
  4 7 6
-------
1 0 8 8
```
（　　　）

②
```
  6 0 8
 ×  5 0
-------
3 0 4 0
```
（　　　）

③
```
    5 8 7
 ×    6 9
---------
  5 2 8 3
  3 5 2 2
---------
4 0 5 0 3
```
（　　　）

3 次の計算をしましょう。

① $2 \times 20 =$　　② $5 \times 50 =$

③ $12 \times 30 =$　　④ $32 \times 20 =$

⑤ $40 \times 20 =$　　⑥ $60 \times 50 =$

4 次の計算をしましょう。

①
```
   3 2
 × 2 3
```

②
```
   4 0
 × 7 8
```

③
```
   5 6
 × 4 7
```

④
```
   1 2 3
 ×    3 2
```

⑤
```
   7 0 3
 ×    2 5
```

⑥
```
   3 0 6
 ×    4 5
```

⑦
```
   2 1 3
 ×    6 0
```

⑧
```
   4 7 1
 ×    3 5
```

⑨
```
   6 3 8
 ×    3 6
```

\できた度/
☆☆☆☆☆

ステップ

かけ算（×2けた）

名前 　　　月　　　日

1 □にあてはまる数を書きましょう。

45×24

45× ① ＝900

45× ② ＝180

45×24＝ ③

2 1本87円のジュースを24本買います。
代金はいくらですか。

式

答え

3 1ふくろにあめが25こ入っています。
15ふくろ分ではあめは何こありますか。

式

答え

4 55人乗りのバスが12台あります。
全部で何人乗れますか。

式

答え

－ 104 －

5 3年生の遠足代は1人756円でした。
62人分では全部で何円ですか。

式

答え _____

6 1こ265gのかんづめが18こあります。
全部で何gですか。

式

答え _____

7 1本148円で525mL入りのお茶を24本買います。

① 代金は全部で何円ですか。

式

答え _____

② 全部でお茶は何mLですか。

式

答え _____

\できた度/
☆☆☆☆☆

たしかめ　かけ算（×2 けた）

月　　日
名前

1 次の計算で、正しいものには〇、まちがっているものは
正しい答えを（　）に書きましょう。　　　　　（5点×2）

①
```
    6 3
  ×　4 2
  ─────
  1 2 6
  2 5 2
  ─────
  3 7 8
```
（　　　　　）

②
```
      2 3 4
  ×　　　1 5
  ─────────
  1 1 7 0
      2 3 4
  ─────────
  3 5 1 0
```
（　　　　　）

2 次の計算をしましょう。　　　　　　　　　　　（5点×8）

① $2 \times 90 =$

② $60 \times 30 =$

③
```
    3 1
  ×　1 2
  ─────
```

④
```
    4 0
  ×　3 5
  ─────
```

⑤
```
    3 6
  ×　4 5
  ─────
```

⑥
```
    1 4 2
  ×　　1 2
  ─────
```

⑦
```
    5 0 6
  ×　　7 3
  ─────
```

⑧
```
    4 2 5
  ×　　3 4
  ─────
```

3 □にあてはまる数を書きましょう。 (5点×4)

(1) 54×32

$$54 \times \boxed{①} = 1620$$

$$54 \times \boxed{②} = 108$$

$$54 \times 32 = \boxed{③}$$

(2) 68×30 の答えは
68×3 の答えを
$\boxed{④}$ 倍した数です。

4 1 こ 18 円のあめを 24 こ買います。
代金はいくらですか。 (5点×2)

式

答え _____

5 1 こ 162 円のパンが 21 こ売れました。
全部で何円になりますか。 (5点×2)

式

答え _____

6 3 年生 49 人が遠足に行きました。
電車代が 1 人 309 円でした。
全員でいくらかかりますか。 (5点×2)

式

答え _____

チェック

点

たしかめ

点

□を使った式

1 色紙を 15 まい持っていました。姉から何まいかもらったので全部で 23 まいになりました。

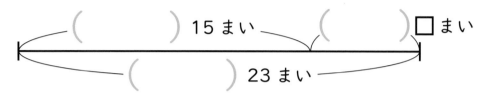

① （　）に入る言葉を下からえらびましょう。　　　　　　　（5点×3）

> はじめの　　全部で　　もらった

② □を使ってたし算の式に表しましょう。　　　　　　　　　（5点）

（　　　　　　　　　　　　　　　　　　　　　　）　　ホップ **1** へ!

2 □にあてはまる数をもとめましょう。　　　　　　　　　　（5点×8）

① □ ＋ 5 ＝ 8　　　② 4 ＋ □ ＝ 9

③ □ － 6 ＝ 4　　　④ 15 － □ ＝ 5

⑤ 7 × □ ＝ 28　　　⑥ □ × 4 ＝ 24

⑦ □ ÷ 5 ＝ 2　　　⑧ □ ÷ 3 ＝ 6

ホップ **4** へ!

3 カードを 20 まい持っていました。妹に何まいかあげたので、のこりは 14 まいになりました。

① あげた数を □ まいとして式を書きましょう。 (5点)

式

② □ の数をもとめましょう。 (5点×2)

式

答え _____

ステップ **2** へ!

4 いちごを 1 人に 5 こずつ配ると、30 こいりました。

① 配った人数を □ 人として式を書きましょう。 (5点)

式

② □ の数をもとめましょう。 (5点×2)

式

答え _____

ステップ **3** へ!

5 あめを 8 こ持っていました。何こかもらったので全部で 12 こになりました。もらった数を □ ことして式を書き、答えをもとめましょう。 (5点×2)

式

答え _____

ステップ **3** へ!

点

がんばったね!

□ を使った式

1　教室に 32 人いました。何人か外へ遊びに行ったので、のこりは 20 人になりました。

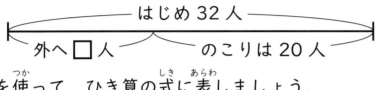

□ を使って、ひき算の式に表しましょう。

（　　　　　　　　　　　　　　　）

2　本を 25 ページまで読みました。そのあと何ページか読んだので、全部で 42 ページまで読めました。

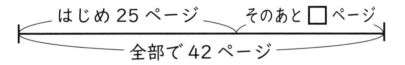

□ を使ってたし算の式に表しましょう。

（　　　　　　　　　　　　　　　）

3　同じ数ずつあめが入ったふくろが 5 ふくろあります。あめは全部で 40 こあるそうです。

□ を使ってかけ算の式に表しましょう。

（　　　　　　　　　　　　　　　）

4 □にあてはまる数をもとめましょう。

① □ ＋ 6 ＝ 10

　　□ ＝ 10 － 6

　　□ ＝

② □ ＋ 12 ＝ 20

　　□ ＝

③ □ － 9 ＝ 8

　　□ ＝ 8 ＋ 9

　　□ ＝

④ □ － 4 ＝ 16

　　□ ＝

⑤ 5 × □ ＝ 45

　　□ ＝ 45 ÷ 5

　　□ ＝

⑥ □ × 8 ＝ 40

　　□ ＝

⑧ □ ÷ 4 ＝ 5

　　□ ＝

⑦ □ ÷ 3 ＝ 7

　　□ ＝ 7 × 3

　　□ ＝

⑩ 12 － □ ＝ 8

　　□ ＝

⑨ 15 － □ ＝ 10

　　□ ＝ 15 － 10

　　□ ＝

\できた度/
☆☆☆☆☆

□ を使った式

名前　　　　　　月　　　日

1　公園に何人かが遊んでいました。5人が来たので全部で18人になりました。

①　はじめの人数を □ 人として式を書きましょう。

式

②　□ の数をもとめましょう。

式

答え

2　みかんが12こありました。いくつか食べたので4こになりました。

①　食べたみかんの数を □ ことして式を書きましょう。

式

②　□ の数をもとめましょう。

式

答え

3　同じパンを4つ買うと600円でした。

①　パンのねだんを □ 円として式を書きましょう。

式

②　□ の数をもとめましょう。

式

答え

4 おはじきを何こか持っています。8こもらったので
全部で 25 こになりました。

① はじめに持っていたおはじきを □ ことして式を書きましょう。

式

② □ の数をもとめましょう。

式

答え _____

5 運動場に 20 人が遊んでいました。何人かが教室に
もどったのでのこりは 8 人になりました。

① 教室にもどった人数を □ 人として式を書きましょう。

式

② □ の数をもとめましょう。

式

答え _____

6 何こかあったりんごを 5 人で分けるとちょうど
1 人 3 こずつになりました。

① はじめにあったりんごを □ ことして式を書きましょう。

式

② □ の数をもとめましょう。

式

＼できた度／
☆☆☆☆☆

答え _____

1 色紙を 18 まい持っていました。姉から何まいかもらったので全部で 25 まいになりました。

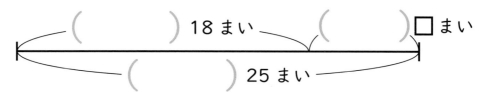

① （ ）に入る言葉を下からえらびましょう。　(5点×3)

| はじめの　　全部で　　もらった |

② □ を使ってたし算の式に表しましょう。　(5点)

（ 　　　　　　　　　　　　　　　　　 ）

2 □ にあてはまる数をもとめましょう。　(5点×8)

① □ ＋ 6 ＝ 13　　② 8 ＋ □ ＝ 12

③ □ － 7 ＝ 12　　④ 15 － □ ＝ 7

⑤ 8 × □ ＝ 40　　⑥ □ × 3 ＝ 24

⑦ □ ÷ 4 ＝ 8　　⑧ □ ÷ 9 ＝ 5

3　カードを 18 まい持っていました。弟に何まいかあげたので
のこりは 9 まいになりました。

① あげた数を □ まいとして式を書きましょう。　　　　　(5点)

式

② □ の数をもとめましょう。　　　　　(5点×2)

式

答え _____

4　いちごを 1 人に 4 こずつ配ると 32 こいりました。

① 配った人数を □ 人として式を書きましょう。　　　　　(5点)

式

② □ の数をもとめましょう。　　　　　(5点×2)

式

答え _____

5　えんぴつを 12 本持っていました。何本かもらったので、
全部で 20 本になりました。もらった本数を □ 本として
式を書き、答えをもとめましょう。　　　　　(5点×2)

式

答え _____

```
チェック
        点
```

```
たしかめ
        点
```

1 長い方を○でかこみましょう。

① （ 1 時間 ・ 100 分 ）　　② （ 200 分 ・ 3 時間 ）

③ （ 90 秒 ・ 1 分 25 秒 ）

2 ひかるさんは、午後 9 時 30 分にねて、次の朝、午前 6 時 10 分におきました。すいみん時間は何時間何分ですか。

答え

3 1 日について考えましょう。

① 1 日は何時間ですか。　　答え
② 分に直すと 1 日は何分ですか。

式

答え

4 ある市の小学生は 1 年間に 205 日学校で勉強をしました。

① 学校に行かない日は何日ですか。1 年を 365 日として
　考えましょう。

式

答え

② 午前 8 時 30 分から午後 3 時 30 分まで学校にいるとして、
　1 年間では何時間学校にいることになりますか。

式

答え

5 9 さいのたん生日をむかえた 3 年生は、生まれてから
何日間たっていますか。1 年を 365 日として計算しましょう。

式

答え

発展問題（たし算とひき算）

月　　日

名前

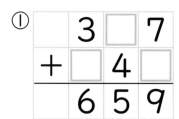 □ にあてはまる数を書きましょう。

①
```
  3 □ 7
+ □ 4 □
─────
  6 5 9
```

②
```
  □ 4 □
+ 7 □ 6
─────
  9 6 5
```

③
```
  2 8 □
+ 5 □ 3
─────
  □ 4 1
```

④
```
  □ 4 □
- 5 □ 6
─────
  2 1 3
```

⑤
```
  □ □ 3
- 1 2 □
─────
  7 4 5
```

⑥
```
  □ 3 1
- 2 □ □
─────
  3 5 9
```

⑦
```
  □ 3 □ 8
+ 4 □ 5 □
─────────
  7 6 3 0
```

⑧
```
  1 □ 3 □
+ □ 2 □ 4
─────────
  4 3 2 1
```

⑨
```
  9 8 □ □
- □ □ 7 6
─────────
  2 3 4 5
```

⑩
```
  □ □ 1 4
- 3 8 □ □
─────────
  1 4 3 8
```

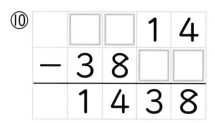

発展問題（わり算）

月　　日
名前

★　次の計算をしましょう。

① $36 \div 9 =$　　　　② $42 \div 6 =$

③ $24 \div 8 =$　　　　④ $54 \div 9 =$

⑤ $27 \div 9 =$　　　　⑥ $48 \div 8 =$

⑦ $14 \div 7 =$　　　　⑧ $21 \div 7 =$

⑨ $72 \div 9 =$　　　　⑩ $16 \div 8 =$

⑪ $36 \div 4 =$　　　　⑫ $35 \div 5 =$

⑬ $6 \div 2 =$　　　　⑭ $48 \div 6 =$

⑮ $28 \div 4 =$　　　　⑯ $12 \div 3 =$

⑰ $30 \div 6 =$　　　　⑱ $32 \div 4 =$

⑲ $81 \div 9 =$　　　　⑳ $15 \div 3 =$

発展問題（わり算）

名前　　　　　月　　　日

$$80 \div 2 = 40$$

└─ 8÷2 ─┘↑

$$69 \div 3 = 23$$

└─ 6÷3 ─┘↑↑

┄┄┄ 9÷3 ┄┄┄┘

★ 次の計算をしましょう。

① $30 \div 3 =$　　　　② $60 \div 6 =$

③ $90 \div 9 =$　　　　④ $70 \div 7 =$

⑤ $80 \div 4 =$　　　　⑥ $60 \div 2 =$

⑦ $24 \div 2 =$　　　　⑧ $39 \div 3 =$

⑨ $84 \div 4 =$　　　　⑩ $55 \div 5 =$

⑪ $62 \div 2 =$　　　　⑫ $99 \div 3 =$

発展問題
（長さと重さ）

名前　　　　　　　　　月　　日

1 長くなるようにゴールまで進みましょう。

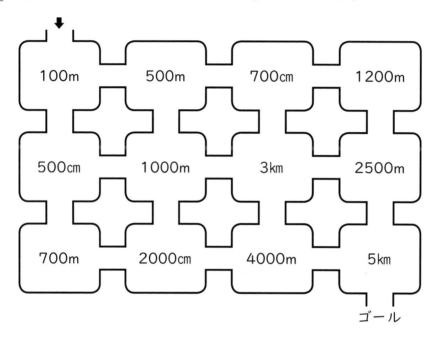

2 重くなるようにゴールまで進みましょう。

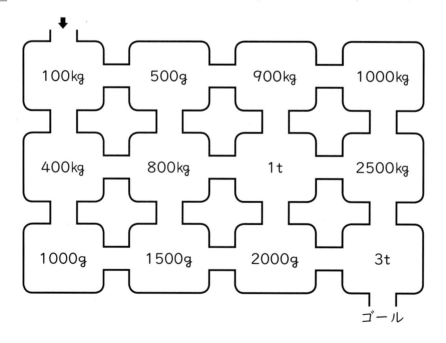

名前 　　　　　月　　　日

★ コンパスを使って、次のもようをかきましょう。

①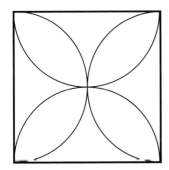

②

③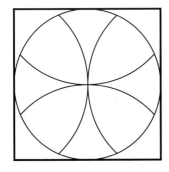

④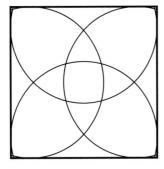

ジャンプ

発展問題（円と球）

1 正三角形の 1 辺の長さは 10cmです。
円の半径は何cmですか。

式

答え _____

2 大きい円の直径は 12cmです。小さい円の半径は何cmですか。

式

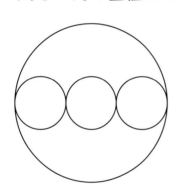

答え _____

3 　1 辺が 12cmの正方形の中に大きい円と小さい円が
すき間なく入っています。小さい円の半径は何cmですか。

式

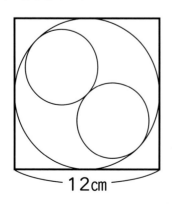

12cm

答え _____

発展問題（かけ算）

月　　日
名前

★ 　□にあてはまる数を書きましょう。

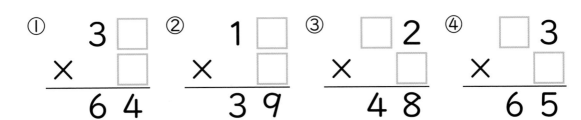

① 3□ × □ = 64

② 1□ × □ = 39

③ □2 × □ = 48

④ □3 × □ = 65

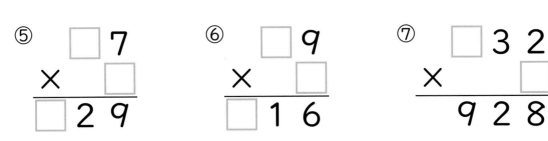

⑤ □7 × □ = □29

⑥ □9 × □ = □16

⑦ □32 × □ = 928

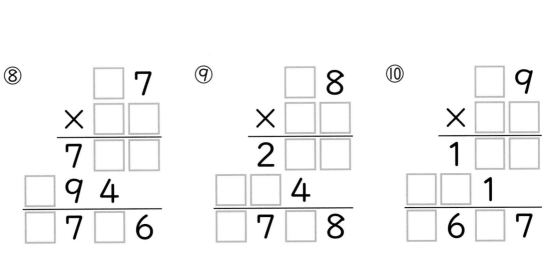

⑧
```
    □7
×  □□
   7□
 □94
 □7□6
```

⑨
```
    □8
×  □□
   2□
 □□4
 □7□8
```

⑩
```
    □9
×  □□
   1□
 □□1
 □6□7
```

★　　④⑤⑥ のカードが１まいずつあります。

①　かけ算の答えがいちばん大きくなるように
　　□ の中にカードを入れ、答えをもとめましょう。

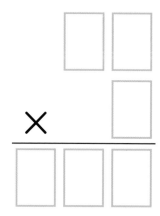

②　かけ算の答えがいちばん小さくなるように
　　□ の中にカードを入れ、答えをもとめましょう。

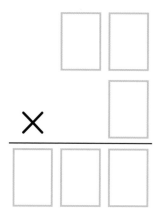

発展問題
（10000 より大きい数）

名前　　　　　　　月　　　日

★　０から４までの数字を使って５けたの整数をつくります。

①　同じ数字を何回使ってもよいとき、いちばん大きい
　　整数はいくつですか。

（　　　　　　　　　　　　　　　　）

②　同じ数字を何回使ってもよいとき、５ばんめに大きい
　　整数はいくつですか。

（　　　　　　　　　　　　　　　　）

③　数字を１回ずつ使うとき、いちばん大きい整数は
　　いくつですか。

（　　　　　　　　　　　　　　　　）

④　数字を１回ずつ使うとき、２番目に大きい整数は
　　いくつですか。

（　　　　　　　　　　　　　　　　）

⑤　数字を１回ずつ使うとき、いちばん小さい整数は
　　いくつですか。（０が先頭にくることはありません）

（　　　　　　　　　　　　　　　　）

発展問題（三角形）

月　　　日
名前

1 次の図の中に正三角形はいくつありますか。

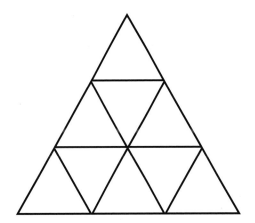

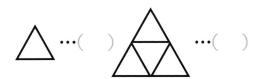

△ …（　　）　　…（　　）

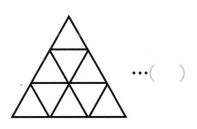

…（　　）

答え _____

2 次の図の中に正三角形はいくつありますか。

4つの大きさの正三角形があるよ。

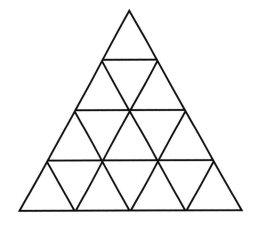

答え _____

1 $\dfrac{1}{2}$について答えましょう。

① アイに入ることばを下からえらんで書きましょう。

$\dfrac{1}{2}$　ア（　　　　　）
　　　イ（　　　　　）

| 分母　　分子　　分上　　分下　　分数 |

② 読み方を書きましょう。

分子（　　　　　　）　　分母（　　　　　　　）

2 □に＞、＜、＝を入れましょう。

① $\dfrac{1}{4}$ □ $\dfrac{3}{4}$　② $\dfrac{6}{6}$ □ $\dfrac{8}{8}$　③ $\dfrac{1}{5}$ □ $\dfrac{1}{9}$

3 いちごケーキ $\dfrac{1}{6}$ とチョコケーキの $\dfrac{1}{8}$ の大きさをくらべます。大きい方を食べたいと思います。どちらのケーキが大きいでしょうか？　正しい記号に〇をつけましょう。

㋐ いちごケーキ $\dfrac{1}{6}$ の方が大きい

㋑ チョコケーキ $\dfrac{1}{8}$ の方が大きい

㋒ いちごケーキとチョコケーキ全体の大きさがわからないので決められない

1 式と問題があうように線でむすびましょう。

① $3 + \square = 12$ •

• いくつかのいちごから 3 こ
食べたので 12 こになりました。

② $\square - 3 = 12$ •

• いちごを 3 こずつ何人かに
配ると 12 こひつようでした。

③ $3 \times \square = 12$ •

• いちごを 3 人に同じ数だけ
分けると 1 人分は 12 こに
なりました。

④ $\square \div 3 = 12$ •

• いちごをきのう 3 こ、きょう
いくつか食べたので合計 12 こ
になりました。

2 式と答えが合うように 1 から 6 の数字を 1 つずつ入れましょう。

$$\square + \square + \square + \square = \square\square$$

（ヒント：4 つの数の合計がいちばん大きくなるのは 18 だよ）

答え

時こくと時間

p.4　チェック

1　① 時こく　② 時間
　③ 時間　④ 時こく

2　30分後………午後2時10分
　50分前………午後0時50分

3　40分間

4　① 1、40　② 1、20
　③ 100

5　① 分　② 秒　③ 時間

p.6　ホップ

1　① 時こく　② 時間
　③ 秒　④ 分　⑤ 時間
　⑥ 60　⑦ 60
　（③、④、⑤は順不同）

2　① 120　② 200　③ 2、20
　④ 4、10　⑤ 130　⑥ 180
　⑦ 1、30　⑧ 2、20

3　① 秒　② 時間　③ 分

p.8　ステップ

1　40分間

2　55分間

3　ひろとさんが20秒速い

4　午後4時15分

5　40分後………午後3時
　55分後………午後3時15分

6　15分前………午前11時
　40分前………午前10時35分

p.10　たしかめ

1　① 時間　② 時こく
　③ 時こく　④ 時間

2　50分後………午前8時10分
　40分前………午前6時40分

3　25分間

4　① 1、15　② 90　③ 1、25

5　① 時間　② 分　③ 秒

わり算（あまりなし）

p.12　チェック

1　① 12　② 4　③ わる
　④ わられる　⑤ わる

2　① 2　② 3

③ 5　④ 6
⑤ 7　⑥ 6
⑦ 0　⑧ 7
⑨ 6　⑩ 6

3　① 36÷4＝9　　9まい
　② 36÷6＝6　　6人

4　40÷8＝5　　5ふくろ

5　56÷8＝7　　7倍

p.14　ホップ

1　① 20　② 5
　③ わられる　④ わる

2　① 4（4）　② 3（7）
　③ 4（8）　④ 8（5）
　⑤ 8（7）　⑥ 7（9）
　⑦ 5（2）　⑧ 3（3）

3　① 6　　3×6＝18
　② 6　　5×6＝30
　③ 0　　8×0＝0
　④ 7　　4×7＝28
　⑤ 5　　2×5＝10
　⑥ 1　　6×1＝6
　⑦ 7　　9×7＝63
　⑧ 7　　7×7＝49
　⑨ 8　　6×8＝48
　⑩ 9　　8×9＝72

p.16　ステップ

1　① 18÷2＝9　　9本
　② 18÷6＝3　　3dL

2　54÷9＝6　　6こ

3　32÷8＝4　　4こ

4　28÷7＝4　　4倍

5　○をつけるもの　①、③

p.18　たしかめ

1　① 42　② 7　③ わる
　④ わられる　⑤ わる

2　① 8　② 0
　③ 6　④ 1
　⑤ 7　⑥ 6
　⑦ 9　⑧ 7
　⑨ 4　⑩ 6

3　① 48÷8＝6　　6まい
　② 48÷6＝8　　8人

たし算とひき算

p.20　チェック

1　① 484　　② 838　　③ 914
　④ 1324　⑤ 1106　⑥ 1047
　⑦ 433　　⑧ 217　　⑨ 484
　⑩ 275　　⑪ 87　　　⑫ 253
　⑬ 707　　⑭ 125　　⑮ 632

2　① 374 + 357 = 731　　731人
　② 374 − 357 = 17　　　赤組が17人多い

3　135 + 96 = 231　　231円

4　1000 − 886 = 114　　114円

p.22　ホップ

1　① くらい　② 4　　③ 1
　④ 3　　　⑤ 百　　⑥ 80
　⑦ 83

2　まるをつけるもの　②

3　① 769　　② 663　　③ 532
　④ 1303　⑤ 904　　⑥ 1121
　⑦ 334　　⑧ 9　　　⑨ 225
　⑩ 173　　⑪ 154　　⑫ 437
　⑬ 662　　⑭ 320　　⑮ 350

p.24　ステップ

1　① 403 − 386 = 17　　　17まい
　② 403 + 386 = 789　　　789まい

2　① 685 + 218 = 903　　903円
　② 1000 − 903 = 97　　97円

3　350 − 138 = 212　　212ページ

4　491 + 608 = 1099　　1099人

5　648 − 50 = 598　　598円

p.26　たしかめ

1　① 986　　② 865　　③ 843
　④ 1175　⑤ 1015　⑥ 1211
　⑦ 123　　⑧ 335　　⑨ 354
　⑩ 569　　⑪ 88　　　⑫ 138
　⑬ 310　　⑭ 463　　⑮ 558

2　① 418 + 426 = 844　　844人
　② 426 − 418 = 8　　　白組が8人多い

3　543 + 89 = 632　　632円

4　1000 − 458 = 542　　542円

わり算（あまりあり）

p.28　チェック

1　① 2あまり3　② 1あまり1
　③ 3あまり1　④ 7あまり3
　⑤ 5あまり4　⑥ 9あまり3
　⑦ 2あまり4　⑧ 3あまり2
　⑨ 0あまり4　⑩ 7あまり3
　⑪ 7あまり6　⑫ 1あまり4

2　① 2あまり2　9 × 2 + 2 = 20
　② 8あまり5　7 × 8 + 5 = 61

3　53 ÷ 7 = 7あまり4
　1人分は7こで、4こあまる

4　30 ÷ 4 = 7あまり2
　7 + 1 = 8　　8きゃく

5　50 ÷ 8 = 6あまり2
　6本とれて、2cmあまる

6　43 ÷ 5 = 8あまり3
　8 + 1 = 9　　9こ

p.30　ホップ

1　① 4　　② 4　　③ 2
　④ 4　　⑤ 2　　⑥ 4
　⑦ 2

2　① ○　　② ○
　③ △　　④ △
　⑤ △　　⑥ ○
　⑦ ○　　⑧ △

3　① 4あまり2　② 1あまり2
　③ 7あまり3　④ 9あまり1
　⑤ 8あまり4　⑥ 0あまり3
　⑦ 1あまり5　⑧ 7あまり6
　⑨ 8あまり7　⑩ 6あまり4
　⑪ 2あまり2　⑫ 4あまり6

4　① 8あまり1　6 × 8 + 1 = 49
　② 6あまり3　5 × 6 + 3 = 33
　③ 7あまり4　8 × 7 + 4 = 60
　④ 7あまり4　7 × 7 + 4 = 53

p.32　ステップ

1　① 23 ÷ 5 = 4あまり3
　4こできて、3こあまる
　② 4 + 1 = 5　　5こ

2　① 28 ÷ 6 = 4あまり4
　4箱できて、4こあまる
　② 4 + 1 = 5　　5こ

3 47 ÷ 6 ＝ 7 あまり 5
1 人分は 7 本で、5 本あまる

4 30 ÷ 4 ＝ 7 あまり 2
7 ＋ 1 ＝ 8　　8 回

5 33 ÷ 7 ＝ 4 あまり 5　　4 こ

6 44 ÷ 8 ＝ 5 あまり 4
5 ＋ 1 ＝ 6　　6 まい

p.34　たしかめ

1 ① 6 あまり 3　② 6 あまり 1
③ 8 あまり 4　④ 8 あまり 2
⑤ 5 あまり 4　⑥ 1 あまり 3
⑦ 0 あまり 1　⑧ 7 あまり 5
⑨ 1 あまり 2　⑩ 3 あまり 3
⑪ 4 あまり 5　⑫ 7 あまり 4

2 ① 6 あまり 2　　8 × 6 ＋ 2 ＝ 50
② 4 あまり 5　　7 × 4 ＋ 5 ＝ 33

3 60 ÷ 8 ＝ 7 あまり 4
7 まいもらえて、4 まいあまる

4 17 ÷ 3 ＝ 5 あまり 2
5 ＋ 1 ＝ 6　　6 そう

5 62 ÷ 7 ＝ 8 あまり 6
8 本とれて、6cmあまる

6 35 ÷ 8 ＝ 4 あまり 3
4 ＋ 1 ＝ 5　　5 こ

10000より大きい数

p.36　チェック

1 ① 32517
② 6040253

2 ① 二十四万三千七百五十九
② 五十六万二十一

3 ① 53400　② 63000
③ 99999999

4 ① ＝　　② ＜

5 ① 4 万　② 18 万
③ 290 万　④ 430 万

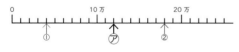

6 ① 10 倍した数………800000
10 でわった数………8000
② 100 倍した数………6500000

100 でわった数………650

p.38　ホップ

1

千万	百万	十万	一万	千	百	十	一
			2	4	3	0	2
7	5	0	0	0	0	0	0
		6	5	0	0	2	1
8	0	0	0	0	0	0	0
		3	9	0	0	0	0

千万	百万	十万	一万	千	百	十	一
			7	0	0	0	0
		2	5	0	6	0	0

2 ① ＝　　② ＞

3 ① 二千九百万
② 三十六万二千七百四十三
③ 四百五万
④ 千二百三十万六百五十
⑤ 二万四千四百十一

4 ① 6 万　② 22 万
③ 340 万　④ 490 万

p.40　ステップ

1 ① 263456　② 3058000
③ 61000120

2 ① 百八十万六千三百九十五
② 二十九万七百十三
③ 四百万千二

3 ① 530000　② 49000
③ 7、8、3

4 ① 3450　② 7000
③ 9000　④ 483100
⑤ 3560000　⑥ 20000000

5 ① 9 万　② 30000

6

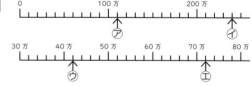

p.42　たしかめ

1 ① 54718　② 960111

2 ① 十八万四百三十二
② 二十万九百七十

3 ① 48300　② 23000

③ 999999

4 ① ＝ ② ＜

5 ① 20万 ② 160万
③ 34万 ④ 51万

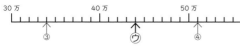

6 ① 10倍した数……700000
10でわった数……7000
② 100倍した数……8800000
100でわった数……880

表とグラフ

p.44 チェック

1 ① すきな動物調べ
② 人数
③ ㋐ 6　　㋑ 4　　㋒ 35
④ パンダ、10人

2 (1)

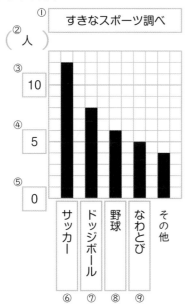

(2) 35

p.46 ホップ

1 (1) ① 5　　② 12　　③ 17
④ 20　　⑤ 12　　⑥ 5
⑦ 35　　⑧ 36　　⑨ 71

(2)

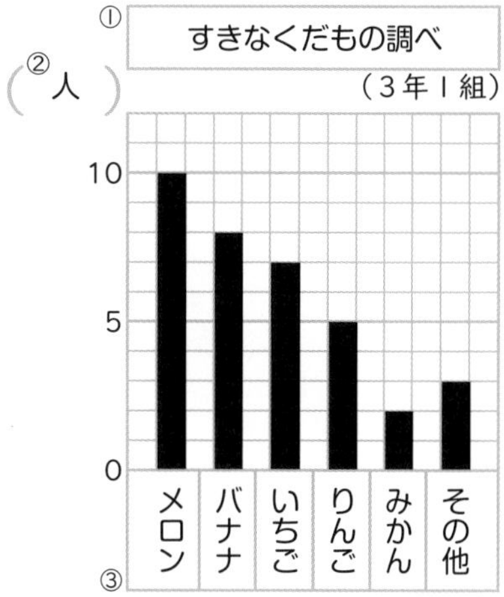

すきなくだもの調べ
（3年1組）

2 ① 1めもり 2分
グラフ 8分
② 1めもり 10人
グラフ 30人
③ 1めもり 1L
グラフ 5L

3 ① すきな遊具調べ
② 2人
③ すべり台、18人

p.48 ステップ

1 ① 読書したページ数
② ページ
③

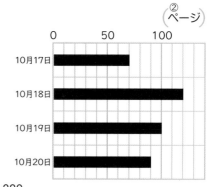

読書したページ数

④ 380
⑤ 50ページ

2 ① けが調べ

②〜④

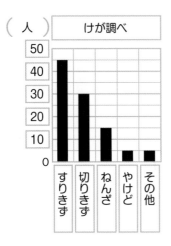

（人）　けが調べ

50	
40	
30	
20	
10	
0	すりきず　切りきず　ねんざ　やけど　その他

p.50　たしかめ

1 ① かし出した本の数

② さっ数

③ ⑦ 6　　⑦ 2　　⑦ 35

④ 絵本、11さつ

2 (1)

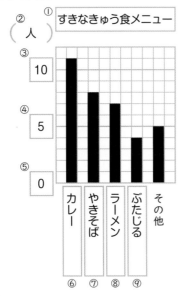

②（人）　①すきなきゅう食メニュー

③	10
④	5
⑤	0
	カレー　やきそば　ラーメン　ぶたじる　その他
	⑥　⑦　⑧　⑨

(2) 35

円と球

p.52　チェック

1 ① ⑦ 円の中心

　　⑦ 円の半径

　　⑦ 円の直径

② 2倍

③ B

2

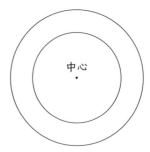

中心

3 24 ÷ 4 = 6　　6 ÷ 2 = 3

直径6cm、半径3cm

4 18 ÷ 3 = 6　　6 ÷ 2 = 3

3cm

5 ⑦

p.54　ホップ

1 しょうりゃく

2 ①

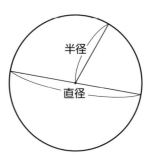

半径

直径

直径6cm、半径3cm、2倍

②

直径

半径

直径4cm、半径2cm

3

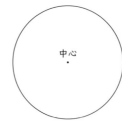

中心

半径は（ 2 ）cm

中心

4　半径（　4　）cm　半径（　5　）cm

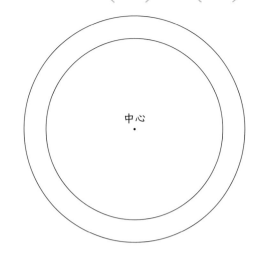

中心

p.56　ステップ
1　①　32 ÷ 4 = 8　　8 ÷ 2 = 4
　　　直径 8cm、半径 4cm
　②　30 ÷ 3 = 10　　10 ÷ 2 = 5
　　　直径 10cm、半径 5cm

2
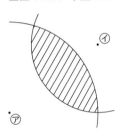
④
⑦

3　16 ÷ 2 = 8（32 ÷ 4 = 8）　　8cm
4　3 × 2 = 6　　6 × 3 = 18
　　横 6cm、たて 18cm

p.58　たしかめ
1　①　中心　　　②　エ
　③　円　　　　④　直径
　⑤　球　　　　⑥　半径
　⑦　10　　　　⑧　8

2
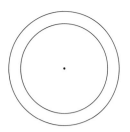

3　18 ÷ 3 = 6　　6 ÷ 2 = 3
　直径 6cm、半径 3cm
4　4 × 2 × 2 = 16　　4 × 2 × 3 = 24
　横 16cm、たて 24cm
5　あ、お

長さと重さ

p.60　チェック
1　⑦　600g　　　④　1kg250g
　⑦　3m15cm　　エ　3m72cm
2　①　g　　　　②　km
　③　t　　　　④　kg
3　①　5、600　　②　2000
　③　2、700　　④　3000
4　①　1700 + 400 = 2100　　2100m
　②　1km 850m
　③　1700 + 800 = 2500　　2km 500m
5　1200 + 900 = 2100　　2kg100g

p.62　ホップ
1　⑦　350g　　　④　1kg750g
　⑦　7m95cm　　エ　8m3cm
2　①　1000　　②　1
　③　1000　　④　1、800
　⑤　4800　　⑥　5
　⑦　6、600　　⑧　3400
3　①　4kg　　②　2kg600g
　③

　0
　4kg
　⑦
　ウ
　3kg　　　1kg
　④
　2kg

4　①　g　　　　②　g
　③　mm　　　④　m
　⑤　t　　　　⑥　kg

p.64 ステップ

1 ① 1100m、 1km100m
② 1100 + 500 = 1600 1km600m
③ 1000 − 600 = 400 400m

2 750 + 650 = 1400 1kg400g

3 31kg800g − 27kg500g = 4kg300g
4kg300g

4 350 − 180 = 170 170g

p.66 たしかめ

1 ㋐ 750g ㋑ 1kg600g
㋒ 20m5cm ㋓ 20m77cm

2 ① m ② t
③ g ④ kg

3 ① 3、500 ② 5、800
③ 2450 ④ 8000

4 ① 1600 + 300 = 1900 1900m
② 1km700m
③ 1600 + 800 = 2400 2km400m

5 400 + 1300 = 1700 1kg700g

かけ算（×1けた）

p.68 チェック

1 ① 200 ② 2400

2 ① 69 ② 168 ③ 72
④ 375 ⑤ 5648 ⑥ 3483
⑦ 238 ⑧ 5427 ⑨ 1976

3 ㋐ 32 ㋑ 280 ㋒ 312

4 480 × 3 = 1440 1440m

5 55 × 4 = 220 220人

6 228 × 5 = 1140 1140円

7 27 × 6 = 162 162円

p.70 ホップ

1 ① 3 ② 6 ③ 18
④ 8 ⑤ 1
⑥ 3 ⑦ 7 ⑧ 21
⑨ 1 ⑩ 22
⑪ 2 ⑫ 2
⑬ 3 ⑭ 2 ⑮ 6
⑯ 2 ⑰ 8 ⑱ 8

2 ① 100 ② 90
③ 320 ④ 350

3 ① 36 ② 108 ③ 78
④ 654 ⑤ 2040 ⑥ 4434
⑦ 270 ⑧ 574 ⑨ 57
⑩ 612 ⑪ 4816 ⑫ 2072

p.72 ステップ

1 ① 12 × 5 = 60 60本
② 12 × 4 = 48 48こ

2 ① 45 × 3 = 135 135ページ
② 45 × 7 = 315 できる

3 24 × 4 = 96 96本

4 380 × 5 = 1900 1900円

5 45 × 4 = 180 180分間

6 10 × 4 = 40 40こ

p.74 たしかめ

1 ① 420 ② 4000

2 ① 68 ② 159 ③ 81
④ 864 ⑤ 4554 ⑥ 4725
⑦ 576 ⑧ 3612 ⑨ 2430

3 ㋐ 56 ㋑ 320 ㋒ 376

4 320 × 5 = 1600 1600m

5 48 × 5 = 240 240人

6 128 × 8 = 1024 1024円

7 37 × 4 = 148 148cm

小 数

p.76 チェック

1 ① 0.6L ② 1.3L

2 ① 0.4 ② 1.5 ③ 5.8

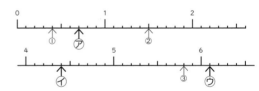

3 ① 0.7 ② 25

4 ① 0.7 ② 8
③ 7.1 ④ 5.6
⑤ 9 ⑥ 7.4
⑦ 1.9 ⑧ 3.2

5 2.6 + 0.8 = 3.4 3.4L

6 3 − 0.7 = 2.3 2.3m

p.78 ホップ

1 ① 0.3 ② 1.8 ③ 5.1

④ 6.4　　⑤ 7.2

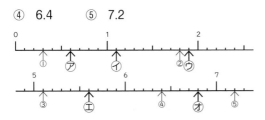

2 ① くらい　② $\frac{1}{10}$ のくらい

③ 小数点　④ 0、小数点

3 ① 0.6　② 1
③ 8　④ 1.4
⑤ 6　⑥ 4.5
⑦ 6　⑧ 0.6
⑨ 26　⑩ 73

p.80　ステップ

1 ① 7.7　② 10.2　③ 9
④ 7.5　⑤ 8.6　⑥ 3
⑦ 6.5　⑧ 2.7　⑨ 1
⑩ 2.6　⑪ 5.6　⑫ 0.2

2 ① 4.3 + 1.8 = 6.1　　6.1kg
② 4.3 − 1.8 = 2.5　　2.5kg

3 ① 1.8 + 0.8 = 2.6　　2.6km
② 3 − 2.6 = 0.4　　0.4km

p.82　たしかめ

1 ① 0.4L　② 1.7L
2 ① 0.5　② 1.3　③ 6.9

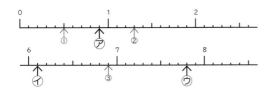

3 ① 0.8　② 32
4 ① 0.7　② 4
③ 2.1　④ 6.7
⑤ 9　⑥ 4.3
⑦ 5.3　⑧ 2.4

5 1.8 + 2.2 = 4　　4km
6 2 − 1.3 = 0.7　　0.7L

三角形

p.84　チェック

1 ① う と か
② うの角、えの角

2 正三角形　ア
二等辺三角形　ウ、オ
直角三角形　イ、カ
その他の三角形　エ、キ

3 ① 　　②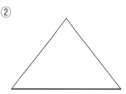

4 ① 二等辺三角形を2つ

② 正三角形を2つ

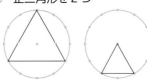

5 ① 角う　　② 4cm

p.86　ホップ

1 ① 角
② 3、3、3
③ 二等辺三角形、イ、ウ
④ 正三角形、ア、エ

2 ① え
② い と お、 あ と う
③ い と お

3 ① 半径
② 二等辺三角形
③ 3cm

p.88　ステップ

1

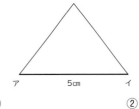

2 ①　　　　　　　②

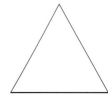

3 ① ②

4 ① 正三角形 ② 二等辺三角形

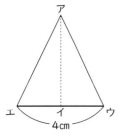

5

p.90 たしかめ

1 ① う と か
② い → あ → う
③ え と お

2 正三角形 イ、カ
二等辺三角形 オ、キ
直角三角形 ウ、エ
その他の三角形 ア

3 ① ②

4 ① 正三角形を2つ

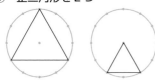

② 二等辺三角形を2つ

5 ① 角う ② 3cm

分　数

p.92 チェック

1 ① $\dfrac{2}{5}$ m ② $\dfrac{3}{4}$ m

③ $\dfrac{1}{3}$ L ④ $\dfrac{3}{4}$ L ⑤ $\dfrac{2}{5}$ L

2 ① $\dfrac{3}{6}$ ② $\dfrac{7}{8}$ ③ $\dfrac{1}{7}$

3 ① $\dfrac{1}{4}$ ② $\dfrac{8}{9}$

4 ① $\dfrac{3}{4}$ ② $\dfrac{5}{8}$

③ $\dfrac{7}{7}=1$ ④ $\dfrac{4}{6}$

⑤ $\dfrac{2}{5}$ ⑥ $\dfrac{7}{10}$

5 $\dfrac{5}{6}-\dfrac{2}{6}=\dfrac{3}{6}$ 　 $\dfrac{3}{6}$ L

6 $\dfrac{3}{10}+\dfrac{5}{10}=\dfrac{8}{10}$ 　 $\dfrac{8}{10}$ m

p.94 ホップ

1 ① $\dfrac{2}{3}$

② 分数、分母、分子

③
$$\dfrac{\begin{array}{c}3 \cdots (\ 3\ )\\ \hline 4 \cdots (\ 1\ )\end{array}}{\ \cdots (\ 2\ )}$$

2 ① $\dfrac{1}{3}$ m ② $\dfrac{3}{5}$ m

③ $\dfrac{2}{6}$ m ④ $\dfrac{7}{10}$ m

⑤ 1m

3 ① $\dfrac{2}{3}$ L ② $\dfrac{1}{4}$ L ③ $\dfrac{5}{6}$ L

4 ① $\dfrac{1}{10}$ ② $\dfrac{11}{10}$

③ 0.4 ④ 0.7

5 ① 3 ② 4

③ 5 ④ 1

p.96 ステップ

1 ① $\dfrac{3}{4}$ ② $\dfrac{5}{7}$

③ $\dfrac{3}{6}$ ④ $\dfrac{7}{8}$

⑤ $\dfrac{2}{3}$ ⑥ $\dfrac{3}{5}$

⑦ $\dfrac{9}{9}=1$ ⑧ $\dfrac{7}{7}=1$

2 ① $\dfrac{1}{3}$ ② $\dfrac{3}{6}$

③ $\frac{1}{5}$ ④ $\frac{2}{4}$

⑤ $\frac{4}{8}$ ⑥ $\frac{2}{7}$

⑦ $\frac{1}{6}$ ⑧ $\frac{7}{9}$

3 $\frac{2}{5} + \frac{1}{5} = \frac{3}{5}$ $\frac{3}{5}$ m

4 $\frac{6}{7} - \frac{2}{7} = \frac{4}{7}$ $\frac{4}{7}$ m

5 $\frac{5}{8} + \frac{3}{8} = \frac{8}{8} = 1$ 1L

6 $1 - \frac{5}{6} = \frac{1}{6}$

ジュースが $\frac{1}{6}$ L 多い

p.98 たしかめ

1 ① $\frac{3}{5}$ m ② $\frac{2}{3}$ m

③ $\frac{2}{3}$ L ④ $\frac{1}{4}$ L ⑤ $\frac{4}{5}$ L

2 ① $\frac{4}{7}$ ② $\frac{5}{9}$ ③ $\frac{1}{8}$

3 ① $\frac{3}{10}$ ② $\frac{5}{6}$

4 ① $\frac{3}{5}$ ② $\frac{9}{9} = 1$

③ $\frac{6}{7}$ ④ $\frac{6}{6} = 1$

⑤ $\frac{1}{4}$ ⑥ $\frac{4}{10}$

⑦ $\frac{5}{8}$ ⑧ $\frac{4}{10}$

5 $\frac{4}{5} - \frac{3}{5} = \frac{1}{5}$

白いテープが $\frac{1}{5}$ m 長い

6 $\frac{5}{8} - \frac{2}{8} = \frac{3}{8}$ $\frac{3}{8}$ L

かけ算（×2けた）

p.100 チェック

1 ① 1728 ② 4410
2 ① 200 ② 600
③ 273 ④ 3150 ⑤ 1728
⑥ 6816 ⑦ 8316 ⑧ 26312
3 ① 20 ② 4 ③ 768
④ 10
4 $15 × 25 = 375$ 375 円
5 $108 × 37 = 3996$ 3996 円
6 $245 × 58 = 14210$ 14210 円

p.102 ホップ

1 ① 10 ② 7
③ 56 ④ 3、300
2 ① 5372 ② 30400 ③ ○
3 ① 40 ② 250
③ 360 ④ 640
⑤ 800 ⑥ 3000
4 ① 736 ② 3120 ③ 2632
④ 3936 ⑤ 17575 ⑥ 13770
⑦ 12780 ⑧ 16485 ⑨ 22968

p.104 ステップ

1 ① 20 ② 4 ③ 1080
2 $87 × 24 = 2088$ 2088 円
3 $25 × 15 = 375$ 375 こ
4 $55 × 12 = 660$ 660 人
5 $756 × 62 = 46872$ 46872 円
6 $265 × 18 = 4770$ 4770 g
7 ① $148 × 24 = 3552$ 3552 円
② $525 × 24 = 12600$ 12600mL

p.106 たしかめ

1 ① 2646 ② ○
2 ① 180 ② 1800
③ 372 ④ 1400 ⑤ 1620
⑥ 1704 ⑦ 36938 ⑧ 14450
3 ① 30 ② 2 ③ 1728
④ 10
4 $18 × 24 = 432$ 432 円
5 $162 × 21 = 3402$ 3402 円
6 $309 × 49 = 15141$ 15141 円

□を使った式

p.108 チェック

1 ①

（はじめの）15 まい   （もらった）□ まい
（ 全部で ）23 まい

② $15 + □ = 23$
2 ① $□ = 3$ ② $□ = 5$
③ $□ = 10$ ④ $□ = 10$
⑤ $□ = 4$ ⑥ $□ = 6$
⑦ $□ = 10$ ⑧ $□ = 18$
3 ① $20 - □ = 14$
② $20 - 14 = 6$ 6 まい
4 ① $5 × □ = 30$

② 30 ÷ 5 = 6　　6人

5　8 + □ = 12　　12 − 8 = 4

　4こ

p.110　ホップ

1　32 − □ = 20

2　25 + □ = 42

3　□ × 5 = 40

4　① □ = 10 − 6　　□ = 4

　② □ = 20 − 12　　□ = 8

　③ □ = 8 + 9　　□ = 17

　④ □ = 16 + 4　　□ = 20

　⑤ □ = 45 ÷ 5　　□ = 9

　⑥ □ = 40 ÷ 8　　□ = 5

　⑦ □ = 7 × 3　　□ = 21

　⑧ □ = 5 × 4　　□ = 20

　⑨ □ = 15 − 10　　□ = 5

　⑩ □ = 12 − 8　　□ = 4

p.112　ステップ

1　① □ + 5 = 18

　② □ = 18 − 5 = 13　　13人

2　① 12 − □ = 4

　② □ = 12 − 4 = 8　　8こ

3　① □ × 4 = 600

　② □ = 600 ÷ 4 = 150　　150円

4　① □ + 8 = 25

　② □ = 25 − 8 = 17　　17こ

5　① 20 − □ = 8

　② □ = 20 − 8 = 12　　12人

6　① □ ÷ 5 = 3

　② □ = 3 × 5 = 15　　15こ

p.114　たしかめ

1　①

　② 18 + □ = 25

2　① □ = 7　　② □ = 4

　③ □ = 19　　④ □ = 8

　⑤ □ = 5　　⑥ □ = 8

　⑦ □ = 32　　⑧ □ = 45

3　① 18 − □ = 9

　② 18 − 9 = 9　　9まい

4　① 4 × □ = 32

② 32 ÷ 4 = 8　　8人

5　12 + □ = 20　　20 − 12 = 8

　8本

発展問題

p.116　時こくと時間

1　① 100分　　② 200分

　③ 90秒

2　9時30分から12時まで2時間30分、これに6

　時間10分をたして

　8時間40分

3　① 24時間

　② 60 × 24 = 1440　　1440分

4　① 365 − 205 = 160　　160日

　② 8時30分から12時まで3時間30分、これ

　　と3時間30分をたして、7時間

　　7 × 205 = 1435　　1435時間

5　365 × 9 = 3285　　3285日

p.117　たし算とひき算

☆　①

$$\begin{array}{r} 3\,1\,7 \\ +\,3\,4\,2 \\ \hline 6\,5\,9 \end{array}$$

②

$$\begin{array}{r} 2\,4\,9 \\ +\,7\,1\,6 \\ \hline 9\,6\,5 \end{array}$$

③

$$\begin{array}{r} 2\,8\,8 \\ +\,5\,5\,3 \\ \hline 8\,4\,1 \end{array}$$

④

$$\begin{array}{r} 7\,4\,9 \\ -\,5\,3\,6 \\ \hline 2\,1\,3 \end{array}$$

⑤

$$\begin{array}{r} 8\,7\,3 \\ -\,1\,2\,8 \\ \hline 7\,4\,5 \end{array}$$

⑥

$$\begin{array}{r} 6\,3\,1 \\ -\,2\,7\,2 \\ \hline 3\,5\,9 \end{array}$$

⑦

$$\begin{array}{r} 3\,3\,7\,8 \\ +\,4\,2\,5\,2 \\ \hline 7\,6\,3\,0 \end{array}$$

⑧

$$\begin{array}{r} 1\,0\,3\,7 \\ +\,3\,2\,8\,4 \\ \hline 4\,3\,2\,1 \end{array}$$

⑨

$$\begin{array}{r} 9\,8\,2\,1 \\ -\,7\,4\,7\,6 \\ \hline 2\,3\,4\,5 \end{array}$$

⑩

$$\begin{array}{r} 5\,3\,1\,4 \\ -\,3\,8\,7\,6 \\ \hline 1\,4\,3\,8 \end{array}$$

p.118　わり算

☆　① 4　　② 7

　③ 3　　④ 6

　⑤ 3　　⑥ 6

　⑦ 2　　⑧ 3

　⑨ 8　　⑩ 2

　⑪ 9　　⑫ 7

　⑬ 3　　⑭ 8

　⑮ 7　　⑯ 4

　⑰ 5　　⑱ 8

⑲ 9　　⑳ 5

p.119　わり算

★ ① 10　　② 10
　 ③ 10　　④ 10
　 ⑤ 20　　⑥ 30
　 ⑦ 12　　⑧ 13
　 ⑨ 21　　⑩ 11
　 ⑪ 31　　⑫ 33

p.120　長さと重さ

1
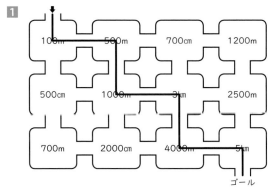

2
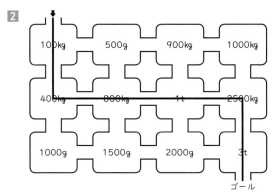

p.121　円と球

しょうりゃく

p.122　円と球

1　10 ÷ 2 = 5　　5cm
2　12 ÷ 3 = 4　　4 ÷ 2 = 2　　2cm
3　12 ÷ 2 = 6　　6 ÷ 2 = 3　　3cm

p.123　かけ算

★ ①
```
   3 2
 ×   2
   6 4
```
②
```
   1 3
 ×   3
   3 9
```
③
```
   1 2
 ×   4
   4 8
```
④
```
   1 3
 ×   5
   6 5
```

⑤
```
   4 7
 ×   7
   3 2 9
```
⑥
```
   2 9
 ×   4
   1 1 6
```
⑦
```
   2 3 2
 ×     4
   9 2 8
```

⑧
```
     9 7
 ×   2 8
   7 7 6
 1 9 4
 2 7 1 6
```
⑨
```
     4 8
 ×   3 6
   2 8 8
 1 4 4
 1 7 2 8
```
⑩
```
     3 9
 ×   9 3
   1 1 7
 3 5 1
 3 6 2 7
```

※ 6番は
```
   7 9
 ×   4
 3 1 6
```
も正しいです。

p.124　かけ算

★ ① 54 × 6 = 324
　 ② 56 × 4 = 224

p.125　10000 より大きい数

① 44444
② 44440
③ 43210
④ 43201
⑤ 10234

p.126　三角形

1
△ …(9)　　…(3)

…(1)

9 + 3 + 1 = 13　　13 こ

2　小さい正三角形 16
　　次に小さい正三角形 7
　　その次に小さい正三角形 3
　　一番大きい正三角形 1
　　16 + 7 + 3 + 1 = 27　　27 こ

p.127　分数

1　① ア　分子　　イ　分母
　　② ぶんし　　ぶんぼ

2　①　＜　　　　②　＝　　　　③　＞

3　ウ

p.128　□を使った式

1

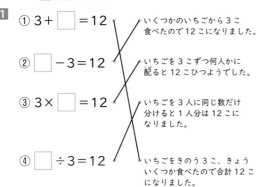

① 3＋□＝12　　いくつかのいちごから3こ食べたので12こになりました。

② □－3＝12　　いちごを3こずつ何人かに配ると12こひつようでした。

③ 3×□＝12　　いちごを3人に同じ数だけ分けると1人分は12こになりました。

④ □÷3＝12　　いちごをきのう3こ、きょういくつか食べたので合計12こになりました。

2　2＋3＋4＋6＝15

学力の基礎をきたえどの子も伸ばす研究会

HPアドレス　http://gakuryoku.info/

常任委員長　岸本ひとみ
事務局　〒675-0032 加古川市加古川町備後 178-1-2-102 岸本ひとみ方　☎-Fax 0794-26-5133

① めざすもの

　私たちは、すべての子どもたちが、日本国憲法と子どもの権利条約の精神に基づき、確かな学力の形成を通して豊かな人格の発達が保障され、民主平和の日本の主権者として成長することを願っています。しかし、発達の基礎ともいうべき学力の基礎を鍛えられないまま落ちこぼれている子どもたちが普遍化し、「荒れ」の状況があちこちで出てきています。

　私たちは、「見える学力、見えない学力」を共に養うこと、すなわち、基礎の学習をやり遂げさせることと、読書やいろいろな体験を積むことを通して、子どもたちが「自信と誇りとやる気」を持てるようになると考えています。

　私たちは、人格の発達が歪められている情況の中で、それを克服し、子どもたちが豊かに成長するような実践に挑戦します。

　そのために、つぎのような研究と活動を進めていきます。

　　① 「読み・書き・計算」を基軸とした学力の基礎をきたえる実践の創造と普及。
　　② 豊かで確かな学力づくりと子どもを励ます指導と評価の研究。
　　③ 特別な力量や経験がなくても、その気になれば「いつでも・どこでも・だれでも」ができる実践の普及。
　　④ 子どもの発達を軸とした父母・国民・他の民間教育団体との協力、共同。

　私たちの実践が、大多数の教職員や父母・国民の方々に支持され、大きな教育運動になるような地道な努力を継続していきます。

② 会　　　員

　・本会の「めざすもの」を認め、会費を納入する人は、会員になることができる。
　・会費は、年4000円とし、7月末までに納入すること。①または②

①郵便番号　口座振込　00920-9-319769 　名　　称　学力の基礎をきたえどの子も伸ばす研究会	②ゆうちょ銀行 　店番099　店名〇九九店　当座0319769

　・特典　研究会をする場合、講師派遣の補助を受けることができる。
　　　　　大会参加費の割引を受けることができる。
　　　　　学力研ニュース、研究会などの案内を無料で送付してもらうことができる。
　　　　　自分の実践を学力研ニュースなどに発表することができる。
　　　　　研究の部会を作り、会場費などの補助を受けることができる。
　　　　　地域サークルを作り、会場費の補助を受けることができる。

③ 活　　　動

　全国家庭塾連絡会と協力して以下の活動を行う。
　・全 国 大 会　全国の研究、実践の交流、深化をはかる場とし、年1回開催する。通常、夏に行う。
　・地域別集会　地域の研究、実践の交流、深化をはかる場とし、年1回開催する。
　・合宿研究会　研究、実践をさらに深化するために行う。
　・地域サークル　日常の研究、実践の交流、深化の場であり、本会の基本活動である。
　　　　　　　　　可能な限り月1回の月例会を行う。
　・全国キャラバン　地域の要請に基づいて講師派遣をする。

全 国 家 庭 塾 連 絡 会

① めざすもの

　私たちは、日本国憲法と教育基本法の精神に基づき、すべての子どもたちが確かな学力と豊かな人格を身につけて、わが国の主権者として成長することを願っています。しかし、わが子も含めて、能力があるにもかかわらず、必要な学力が身につかないままになっている子どもたちがたくさんいることに心を痛めています。

　私たちは学力研が追究している教育活動に学びながら、「全国家庭塾連絡会」を結成しました。

　この会は、わが子に家庭学習の習慣化を促すことを主な活動内容とする家庭塾運動の交流と普及を目的としています。

　私たちの試みが、多くの父母や教職員、市民の方々に支持され、地域に根ざした大きな運動になるよう学力研と連携しながら努力を継続していきます。

② 会　　　員

　本会の「めざすもの」を認め、会費を納入する人は会員になれる。
　会費は年額1500円とし（団体加入は年額3000円）、8月末までに納入する。
　会員は会報や連絡交流会の案内、学力研集会の情報などをもらえる。

事務局　〒564-0041 大阪府吹田市泉町4-29-13 影浦邦子方　☎-Fax 06-6380-0420 郵便振替　口座番号　00900-1-109969　　名称　全国家庭塾連絡会

ぎゃくてん！算数ドリル 小学3年生

2022年4月20日 発行

●著者／川﨑 和代

●発行者／面屋 尚志

●発行所／フォーラム・A

　〒530-0056 大阪市北区兎我野町15-13-305

　TEL／06-6365-5606　FAX／06-6365-5607

　振替／00970-3-127184

●印刷・製本／株式会社 光邦

●デザイン／有限会社ウエナカデザイン事務所

●制作担当編集／蒔田 司郎

●企画／清風堂書店

●HP／http://foruma.co.jp/

※乱丁・落丁本はおとりかえいたします。